KB088864

초등 집중력습관

✦ 아이의 도둑맞은 집중력을 되찾아주는 35가지 솔루션 ✦

초등 집중력 습관

이임숙 지음

카시오페아
Cassiopeia

초등 때 꽃피우는 아이의 '평생 집중력'

아이가 집중을 못해 울화통이 터지고 있다면, 우리 아이가 왜 집중을 못하는지 먼저 생각해 봐야 한다. 이에 대한 명확한 답을 알기 위해 부모는, 아이의 집중력이 어디서부터 시작되는지, 더 발전시키려면 어느 시기에, 무엇을 어떻게 해야 하는지 알아야 한다.

일단 아래의 '집중력에 대한 질문 리스트'를 통해 이에 대한 답을 차근차근 찾아가 보자. 다음 질문에 O, X로 답해보자.

• 아이는 집중력이 없는 상태로 태어난다. (O, X)
• 집중력은 저절로 키워지는 것이다. (O, X)

- 집중력은 자신의 의지만 있으면 잘 발휘될 수 있다. (O, X)
- 집중하라고 제대로 충고한다면 집중력을 키울 수 있다. (O, X)
- 집중 못할 때 따끔하게 혼내면 집중시킬 수 있다. (O, X)
- 스마트폰만 없으면 집중할 수 있다. (O, X)
- 집중 시간이 짧으면 공부를 잘하기 어렵다. (O, X)

질문에 답하면서 무슨 생각이 드는가? 의외로 아이의 집중력에 대해 정확히 알지 못했다는 것을 깨닫게 될 것이다. 질문에 대한 답이 모두 X이기 때문이다. 이 사실이 당황스럽거나 의아스러울 수 있다. 그것은 우리 모두 아이의 집중력에 대해 배운 적도 없고, 아이에게 제대로 가르친 적 거의 없기 때문이다.

아이는 집중력을 가지고 태어났지만, 성장 시기에 적합한 집중력으로의 발전은 저절로 이루어지지 않는다. 아무리 집중을 잘하려는 의지를 가졌다 해도 쉽지 않고, 부모나 교사가 집중하라고 충고하거나 따끔하게 혼을 낸다고 해도 좀처럼 잘되지 않는다. 오히려 집중력은 더 흐트러질 뿐이다. 더욱이 집중 시간이 짧은 경우를 집중력 부족으로 오해하고 혼을 낸다면 타고난 집중력마저 시들게 된다. 심지어 초강력 스마트폰의 전방위적 공격 때문에, 아이가 가지고 태어난 집중력마저 도둑맞고 있는 상황이다.

혹시, 집중력을 가지고 태어났다는 말이 의아하게 느껴진다면 아이의 유아기를 생각해보자. 아기는 24개월 전후로 떼쓰고 고집부리는 정도가 무척 심해지지만, 이보다 더 중요한 현상을 한 가지 보인다. 바로, 혼자 꽤 긴 시간 집중해서 좋아하는 놀이를 시작한다는 점이다. 인형 놀이를 하거나, 고사리 같은 손으로 잘 끼워지지 않는 블록을 가지고 집중하며 놀기 시작한다. 정말 신기한 일이다. 24시간 온전히 부모의 돌봄이 필요했던 아이가 혼자 집중하는 모습을 보인다니 말이다. 그런데 부모는 두 살 아기에게 집중력을 가르친 적이 없다. 그렇다면 아기는 어떻게 집중하기 시작했을까?

바로 아이가 태어날 때부터 집중력을 가지고 있었기 때문이다. 유아기의 아이는 관심 있고, 좋아하고, '잘한다' 칭찬받는 일에 점점 집중하는 모습을 보인다. 여기까지는 부모가 큰 노력을 들이지 않아도 얼마든지 가능하다.

하지만 초등 시기가 되면 상황은 완전히 달라진다. 하루 4시간, 많게는 6시간 동안 교실에 앉아 집중해야 한다. 아이들은 관심 없고, 재미도 없고, 어려워도 집중해야 하는 중차대한 과제 앞에서 어쩔 줄을 모른다. 한마디로 타고난 집중력만으로는 더 이상 버틸 수가 없는 것이다.

초등시기의 심리·정서적 발달과업은 지식과 기술의 습득과 발전이다. 공부에 집중하는 것만이 전부는 아니다. 이 시기에는 많은 지식을 다양하게 배우고, 문제 해결을 위한 기술과 노하우를 몸으로 익혀 자신의 것으로 체화해 나가야 한다. 자전거 타기도, 바이올린 연주도 마찬가지다. 각각의 순간에 모두 집중력을 발휘해야 하는 것이다. 그리고 한 걸음 더 나아가 좋아해서 시작했지만, 어려운 단계에 직면했을 때 집중력을 발휘해 그 고비를 넘기고 성취감을 맛봄으로써 집중력을 다듬고 키우고 발전시켜야 한다.

집중력에 대한 중요한 사실 한 가지는, 집중력이 일상과 사회성에도 영향을 미친다는 것이다. 아침부터 밤까지 날마다 반복되는 일상의 소소한 행동을 잘 수행하는 것에도 모두 집중력이 필요하고, 놀이와 친구 간의 관계에서도 집중력은 무척 큰 힘을 발휘한다.

이러한 집중력을 발전시키고 성취해 본 경험이 없는 사람이 청소년기나 성인기에 다시 집중력을 발휘하기란 쉽지 않다. 초등학교 때 공부를 못하던 아이가 고등학생이 되어 갑자기 폭발적인 집중력을 발휘해 성적을 올리고 명문대에 진학했다는 사례를 가끔 접한다. 그와 같은 경우도, 이미 초등 시기에 일상생활과 놀이, 운동 혹은 악기와 같은 활동 및 사회적 관계에서 집중력을 잘 발전시켜 왔기 때문에 가능하다는 것을 잊어서는 안 된다.

대부분의 아이들은, 어려운 수학 시간에 자꾸 게임을 떠올리고, 재미없는 국어 시간에는 친구와 놀 생각을 하고, 관심 없는 영어 시간에는 하교 후 문구점에 구경 갈 생각을 한다. 집중을 잘하고 싶지만 마음과 집중력이 따로 노는 것이다. 그래서 아이는 괴롭다. 더구나 스마트폰으로 인한 자기조절력의 손실로 너무나 쉽게 집중력을 도둑맞고 있는 상황이니, 더 괴롭다.

그러니 초등 시기에, 아이의 타고난 집중력을 평생 써먹을 수 있는 집중력으로 업그레이드해야 한다. 물론 아이 혼자서 해내기란 거의 불가능하다.

안타깝게도 지금까지는 아이의 집중력을 발전시키도록 돕고 실천하는 부모들이 많이 없었지만, 그것은 아이의 집중력을 언제부터 키워주어야 하는지, 잘 키우려면 어떻게 해야 하는지 구체적인 방법을 잘 몰랐기 때문이다.

이 책은, 그 과정을 도와주는 가이드북이라 할 만하다. 모든 아이들이 집중력을 가지고 태어났다는 사실부터 초등 시기에 아이의 평생 집중력을 완성시키는 과정까지, 간단하고 구체적이고 효과적인 방법을 통해 그 길을 안내한다. 이 책을 통해 아이의 타고난 집중력을 도둑맞지 않고, 평생 써먹을 수 있는 강력한 집중력으로 발전시킬 수 있기를 바란다.

초등학생 아이가 언제 가장 예쁜지 묻는다면, 활짝 웃는 모습, 친구와 즐겁게 뛰어노는 모습이 떠오른다. 그 중에서도 최고로 예쁜 모습은 과제에 집중하고, 과제를 탐구하면서 보이는 발갛게 상기된 얼굴과 빛나는 눈동자이다. 그렇게 예쁜 모습을 더 자주 만나볼 수 있었으면 좋겠다. 더불어 초등 시기에, 아이의 삶을 꽃피울 평생 집중력을 길러줄 수 있다는 사실도 꼭 함께 기억했으면 좋겠다.

아이의 눈부신 성장을 기대하며

이임숙

차례

1장

내 아이의
숨겨진 집중력을
찾아서

초등 집중력이
중요한 이유

"우리 아이가 우선 관리군이래요."

수현이는, 초등학교 1학년 때 실시된 〈학생 정서·행동 특성 검사〉에서 관심군으로 나왔다. 부모 자녀 관계, 불안-우울, 학습-사회성 부진, 과민-반항성의 영역에서 높은 점수가 나왔고 집중력 부진 항목에서는 확인이 필요하다고만 나왔다. 관심군으로 나왔지만, 그래도 일반관리군이었기에 수현이의 엄마는 그다지 심각하다고는 생각하지 않았다. 엄마가 너무 엄격하게 체크해서 그럴 수 있다는 주변의 반응이 있었고, 심지어 담임선생님도 그렇게 말했기 때문이다. 그래서 재검사를 하겠냐는 말에 그냥 하지 않기로 결정했다.

집중력 부진항목은 확인이 필요할 뿐 ADHD를 걱정할 필요는 없다고 생각했고, 조금 산만한 부분은 남자 아이의 특성으로 이해했다. 집에서 조금 부산스러웠지만, 그래도 좋아하는 만화책은 꽤 오랜 시간 동안 보기도 하고, 레고블록을 집중해서 만들기도 해서 집중력 부진의 문제는 별로 고민하지 않았다. 학교 수업 시간에도 특별한 문제 행동은 없다고, 잘 착석한다는 말을 들었다.

오히려 신경 쓰이는 문제는 아이의 사회성이었다. 내향적인 편이라 친구 사귀기를 어려워 해 학교 가기를 싫어한다고 여겼다. 그래서 친구들을 초대해 놀리기도 하는 등 노력을 했고, 시간이 지나면 점차 나아질 거라 생각했다. 그렇게 엄마는 아이의 정서적인 부분과 사회성에 집중했고, 공부도 스트레스 받지 않을 정도로만 적당히 시켰다. 그렇게 시간은 흘러갔다.

그런데 초등 4학년에 받아든 〈학생 정서·행동 특성 검사〉 결과는 꽤나 심각했다. 대부분의 항목에서 상당히 높음을 기록해, 관심군의 우선관리군 대상이 된 것이다. 그나마 괜찮다고 생각했던 집중력 부진 항목은 또래보다 상당히 높은 것으로 나타났다. 엄마가 직접 검사지에 체크했으니 어쩌면 엄마의 걱정이 반영된 결과일 수도 있겠지만, 그것을 받아든 그녀는 충격에 휩싸

였다. 그동안 모르는 척해왔던 아이의 문제가 수면 위로 올라왔다는 생각에 크게 불안해졌다.

'우리 아이가 우선관리군이라고? 무슨 문제가 있는 거야? 뭐 때문에? 어떡하지?'

많이 신경 쓰고 돌보았다고 생각했는데 왜 이런 일이 생겼을까? 학년이 올라가면서 짜증이 더 많아지고, 집중을 못한다고 생각은 했지만 이 정도일 줄이야. 이제 사춘기에 접어들면 정서적으로 더 흔들릴 테고, 집중력마저 불안정하면 공부 문제까지 더 심각해질 것 같아 엄마는 고민에 빠졌다. 혹시 검사 결과가 잘못 나온 건 아닌지 궁금하기도 했고, 이대로 있다가는 더 힘든 문제가 생길까 걱정되는 마음에 결국 엄마는 상담실을 찾았다.

상담사 이런 행동 특성들의 주원인이 무엇이라고 생각하시나요?

엄마 아이가 공부를 썩 잘하진 않아서 자신감이 부족해진 것 같아요. 너무 소심하고 예민해서 친구도 없고, 그래서 학교생활이 재미가 없는 것 같아요. 그래서 더 산만해지는 건지….

🙂**상담사**　아이는 자신에 대해 어떤 점을 걱정할까요?

😐**엄마**　글쎄요? 고민을 하긴 할까요? 아무 생각 없이 그저 놀려고 만 해서….

과연 그럴까? 아이는 자신에 대한 걱정이나 고민이 하나도 없을까? 의외로 부모는, 겉으로 나타나는 아이의 행동만 보면서 아이가 어떤 생각을 하는지는 알지 못하는 경우가 많다.

우선, 우리는 수현이가 자신에 대해 어떤 점을 걱정하는지, 어떤 불안과 스트레스를 갖고 있는지 알아보기로 했다. 아이의 마음속 걱정, 불안, 스트레스 정도를 알아보기 위해 불안 목록을 사용했다. 불안 목록이란, 걱정되는 게 전혀 없다면 0, 정도가 매우 심하면 10으로 표시하는 등, 느껴지는 정도를 각각의 숫자로 표시해서 마음의 정도를 알아볼 수 있도록 만든 표이다.

수현이가 표시한 수치들을 보면 전반적으로 아이가 느끼는 불안, 걱정, 스트레스 정도가 매우 높다는 걸 알 수 있다. 엄마는 주로 아이의 '친구 관계'와 '노력하지 않는 태도'를 걱정했지만, 정작 아이가 표현하는 건 달랐다. 그중에서 아이가 극심하게 힘들다고 ⑩으로 체크한 다섯 가지 항목을 살펴보면, 아이는 과제와 시험과 성적, 노력해도 잘 안 되고, 집중하지 못하는 자신에 대해 심한 불안을 느끼면서 스트레스를 받고 있음을 알 수 있다.

⊙각각의 항목에서 불편, 불안, 스트레스가 생기는 정도를 0~10까지 숫자로 표현해 보세요.

1	미래(진학, 진로)	0. 1. 2. 3. 4. 5. 6. 7. 8. 9. ⑩
2	시험과 성적	0. 1. 2. 3. 4. 5. 6. 7. 8. 9. ⑩
3	부모님 잔소리	0. 1. 2. 3. 4. 5. 6. 7. ⑧. 9. 10
4	친구 사귀기	0. 1. 2. 3. ④. 5. 6. 7. 8. 9. 10
5	괴롭히는 친구	0. 1. 2. 3. 4. 5. ⑥. 7. 8. 9. 10
6	심심하고 자주 짜증이 나서	0. 1. 2. 3. 4. 5. ⑥. 7. 8. 9. 10
7	학교에서 발표하기	0. 1. 2. 3. 4. 5. 6. ⑦. 8. 9. 10
8	과제	0. 1. 2. 3. 4. 5. 6. 7. 8. 9. ⑩
9	노력해도 안 돼서	0. 1. 2. 3. 4. 5. 6. 7. 8. 9. ⑩
10	암기력(기억력)	0. 1. 2. 3. 4. 5. 6. 7. ⑧. 9. 10
11	이해력	0. 1. 2. 3. 4. 5. 6. 7. ⑧. 9. 10
12	집중력	0. 1. 2. 3. 4. 5. 6. 7. 8. 9. ⑩

진학과 미래에 대한 걱정이 너무 커져서 오히려 무기력해지고 짜증이 심해지면서 정서적인 문제까지 보이고 있었던 것이다. 왜 이런 결과가 나왔을까? 이 다섯 가지 항목 중에 어느 것이 원인이고 어느 것이 결과일까?

부모들은 "아이가 숙제를 안 하려고 해요." 하고 걱정하지만, 정작 아이는 "하려고 하는데 집중이 잘 안 돼요"라고 호소한다. 그렇다. 만약 집중이 잘 된다면 아이는 좀 더 쉽게 과제와 공부를 할 것이고, 그렇게 노력한 만큼 결과가 나온다면 시험과 성적에 대한 부담감도 줄어들 것이며, 미래에 대한 걱정보다는 기대와 희망이 더 커질 것이다. 이렇게 실제로 아이가 힘겨워하는 많은 것들의 원인이 집중력 부족일 때가 많고, 이로 인해 아이는 남모르게 좌절하고 절망한다. 집중력은 아이에게 이렇게나 중요하다.

그런데 집중력을 키워주는 방법을 고민하기 전에 한 가지 꼭 짚고 넘어가야 할 게 있다. 집중력은 누구나 가지고 태어나는 능력이라는 사실이다. 만약, 아이가 지금 집중력이 없어 보인다면 그것은 사실, 원래 갖고 있었던 집중력을 잘 사용하지 못하고 있다는 뜻이기도 하다.

사실 유아기의 수현이는 좋아하는 일에 곧잘 집중했었다. 하지만 4학년이 된 지금은 좋아하던 놀이에도, 책에도 집중하지 못하고 그저 스마트폰의 영상과 게임에만 과몰입하기 시작했다. 그야말로 타고난 집중력을 도둑맞은 셈이다. 아이들이 집중력을 가지고 태어났다는 사실이 잘 믿어지지 않는가? 그렇다면 지금부터 모든 아이가 처음부터 가지고 태어나는 집중력에 대해서 먼저 알아보자.

타고난 집중력이 발휘되는 3가지 순간

다음에 나오는, 초등학교 5학년 민석이의 사례를 통해 아이의 집중력이 어떻게 발달하는지 살펴보자.

"아이가 다섯 살 즈음에, 퍼즐 맞추기를 무척 좋아했어요. 처음엔 8조각으로 시작해서 1년 후에는 100조각도 완성할 정도였죠. 볼이 발개진 채 집중하는 모습이 너무 예뻤죠. 그즈음부터 레고 만들기에도 관심을 가졌어요. 일곱 살 생일 선물로 스타워즈 우주선 레고를 선물 받았는데, 사실 일곱 살 아이가 맞추기에는 너무 어려울 것 같아 아빠가 같이 하려 했지요. 그런데 아이가 "아빠, 하지 마!"를 외치더니 혼자 끙끙대며 맞추기 시작하는 거예요. 3시간이나 그렇게 레고 조립에 집중하더니, 저녁밥 먹자고 몇 번을 말해도 계속 하고 싶어 했어요. 결국 4일에 걸쳐 그 작품을 완성했는데, 집중을 잘하는 것 같아서 정말 기특했어요. 그렇게 몇 년을 레고에 집중하더니, 초등학교 3학년 때부터 야구에 빠져서 야구를 하고, 야구 잡지를 찾아 읽기 시작하더니 이제는 야구 박사라고 불릴 정도예요."

만약 우리 아이가 민석이와 비슷하다면 어떤 생각이 들까? 우선, 아이가 타고난 집중력을 잘 발휘하며 발전해 나가고 있다는 생각이 들 것이다. 민석이의 관심사는, 5살 때부터 퍼즐에서 레고로, 레고에서 야구로 달라졌고, 집중력도 매우 높았다. 그런데 관심의 대상이 달라지고 있는 것보다 더 중요하게 살펴봐야 할 부분은 민석이가 집중하는 대상이 다음의 3가지 특성을 지니고 있다는 사실이다. 바로 관심, 재미, 잘하는 것에 대한 자부심이다.

관심이란 '어떤 것에 마음이 끌려 주의를 기울이는 것'을 뜻한다. 특히, 마음이 끌린다는 점에 초점을 두자. 열심히 하려고 노력하는 게 아니라, 저절로 마음이 끌려서 집중하게 됐다는 뜻이다. 누구나 그렇다. 마음이 끌리는 대상만 다를 뿐 관심 있는 것에 대한 집중력은 사람이라면 모두 갖고 태어났음을 알 수 있다.

그렇다면 재미에 대한 집중력은 어떤가? 감각적이고 자극적인 것만이 재미는 아니다. 관심 있는 것은 좋아하게 되고, 좋아하면 점점 재미가 커진다. 그래서 더 깊이 생각하고 몰입하는 진정한 인지적 재미로까지 발전하게 된다.

이런 과정을 통해 보다 능숙해지고, 창의적으로 생각하게 되면 이제는 점점 더 잘하게 된다. 그리고 잘한다는 확신을 갖게 되면 자신의 가치와 능력을 믿고 당당히 여기는 자부심이 생겨난다. 그렇게 뭔가에 자부심이 생긴 아이는 더욱더 흥미를 느끼고 더 계속하고 싶어 하게 마련이다.

심지어 관심이 없었던 것을 우연히 접했는데 재미를 발견하기도 하고, 또 의외로 자신이 그것을 잘한다는 사실을 알게 되면서 몰입하기도 한다. 이러한 과정이 연쇄적으로 일어난다.

민석이의 집중력이 발달한 이유도, 이 세 가지 특성으로 모두 설명할 수 있다. 잘 생각해보자. 우리 아이도 관심 있는 것, 재미있다고 느끼는 것, 자부심이 있는 것에는 집중을 잘하지 않는가? 아이라면 누구나 이 세 가지 대상에 대한 집중력을 가지고 태어났음을 확인할 수 있다.

"좋아서 시작한 것도 끝까지 완성을 못해요. 하다 말고 다른 것에 정신이 팔리고 산만해요."

물론, 우리 아이는 예외라고 생각하는 부모도 있을 것이다. 그렇게 느껴질 수 있다. 하지만 그렇게 보이는 이유는, 집중력의 부재라기보다는 집중하는 시간이 짧기 때문이다. 사람마다 집중하는 시간의 정도는 다르다. 발달 시기에 따른 평균적인 집중 시간은 아이의 연령과 비슷하며, 대략적으로 아이에 따라 연령의 2~3배까지 가능하다고 알려져 있다. 예를 들어, 아이가 10살이라면, 자기 나이의 두세 배인 20~30분 정도는 집중이 가능하다는 뜻이다.

그런데 모든 아이들이 이러한 평균치에 해당하는 것은 아니다. 민석이의 경우처럼, 한 가지 활동에 몰입하면 그 시간의 기준을 훌쩍 뛰어넘는 아이가 있는 반면, 길게 집중하지 못하고 5분, 10분에 한 번씩 일어나 부모의 신경을 건드리는 아이도 많다.

하지만 억지로 앉아 있는다고 집중력이 좋아지는 것은 아니다. 이 경우, 집중하는 시간보다 아이가 무엇에 집중하고 있는가를 아는 게 더 중요하다. 5분만 집중했다 해도 그 시간에 집중했다는 사실이 가장 중요하며, 어떤 과정을 통해 그 시간을 늘려갈 수 있을까를 고민하는 게 바로 문제를 풀어내는 현명한 부모의 태도이다.

그렇다면 집중력을 갖고 태어났다고 해서 그것을 평생 잘 유지할 수 있을까? 절대 그렇지 않다. 적절한 자극과 동기와 연습을 통해 습관이 되지 않는다면 그렇게 꽃피우던 집중력도 점차 사그라들게 된다. 높은 집중력을 보이던 민석이도, 고학년이 되면서 비슷한 과정을 겪게 됐다.

"요즘엔 그렇게 좋아하던 야구도 그만둘까 고민하더라고요. 홈런을 못 쳤다고 좌절하고, 수비 실수 때문에 친구들에게서 "너 때문에 졌잖아"라는 말을 종종 듣더니 어느 순간 관심 자체가 시들해졌어요. 그러다 게임과 유튜브에 빠져들기 시작했어요. 더 큰 걱정은 공부하는 데는 전혀 집중하지 못하고, 숙제는 미루고 미루다 엉망으로 한다는 거예요. 그렇게 집중 잘하던 아이가 왜 이럴까요? 이제 공부도 해야 할 나이인데 어떻게 하면 좋을까요?"

안타깝게도 민석이의 집중력이 한동안 잘 발휘되는가 싶더니 어느새 도둑맞아 버렸다. 도대체 왜 이런 일이 벌어졌을까? 잘하고, 재미있다고 여겼던 야구에 대해 더 이상 잘하지 못한다는 실망감이 들자 집중력이 방해받기 시작한 것이다. 재미를 잃어버려서 집중하지 못하게 되었고, 고학년이 되어서 공부에 대한 부담과 압박감이 커지자 이제는 공부에도 문제가 생기기 시작한 것이다.

아무리 타고난 집중력이 뛰어나다고 해도, 집중력을 발휘하는 영역이 이렇게 관심과 재미, 자부심 있는 것에만 치우쳐져 있다면, 앞으로 수없이 반복될 어려운 과제와 활동 앞에서는 집중력을 잃기 십상이다. 공부뿐 아니라, 조별 활동, 보고서, 글쓰기, 수행평가 등 어려운 작업은 계속될 것이고, 숙제 분량도 많아질 것이다. 따라서 이제는 관심도, 재미도 별로 없고 어쩌면 썩 잘하지도 못하지만 그래도 집중력을 발휘해야 하는 활동이나 공부에 대해 집중력을 발휘하는 방법을 배워야 한다. 즉, 집중력에 대한 이야기를 할 때, 우리가 눈여겨보아야 할 부분은 바로 이것이다.

'어떻게 하면 타고난 집중력을 잘 발전시켜서, 관심도 재미도 없는 과제에 의식적으로 주의를 기울여 집중하는 능력을 키워 줄 수 있을까?'

가만히 있으면 타고난 집중력도 도둑맞는 세상이다. 앨버트 슈바이처 박사의 말처럼, 우리가 내면에 간직한 불은 그대로 꺼져버릴 수도 있지만 다른 사람에 의해 불꽃처럼 타오르기도 한다.

다음 장에서는 일단, 아이의 타고난 집중력을 지키고 성장시키기에 앞서 아이가 집중력을 잃어버렸을 때 보내는 3가지 신호를 먼저 알아보자.

타고난 집중력을 도둑맞고 있다는 3가지 신호

타고난 집중력은 왜 도둑맞기 시작하는 것일까? '소 잃고 외양간 고친다'는 말은 이미 일이 잘못되고 나서 문제를 해결하려는 행동을 비판할 때 쓰인다. 이 말을, 이제 조금 다르게 생각해보자. 소를 잃었다는 말은, 그 외양간이 애초에 소를 잃기에 충분했다는 의미이기도 하다. 즉, 소를 잃을 만한 환경, 소가 도망갈 수밖에 없는 여러 조건들이 이미 있었다는 뜻이다.

집중력도 마찬가지다. 제대로 지키지 않으면 도둑맞는다. 도둑맞았다는 표현이 많은 사람들의 공감을 산 이유는, 나는 절대로 잃어버리고 싶지 않았고 지키려고 노력했음에도 불구하고 누군가가 훔쳐간 것처럼 어느새 집중력을 잃어버린 이 현상을 너무도 적절하게 표현하는 말이기 때문이다. 어쩌면 나름 집중력을 지키려 애쓴 마음에 위로가 되는 표현이기도 하다. 우리는 집중력을 쉽게 잃어버릴 수밖에 없는 세상에 살고 있으니 말이다.

아이는 집중력에 대한 조절력이 미숙하기에 더 취약하다. 그러니 아이의 집중력을 훔쳐가는 주요 원인을 제대로 파악해서 대비하는 것이 중요하다. 집중력이 도둑맞고 있음을 알려주는 3가지 시그널이 나타날 때, 바로 그 지점에 집중력을 잃어버리게 하는 주요 원인이 자리 잡고 있음을 알아차려야 한다. 그 3가지 시그널을 찾는 건 어렵지 않다.

첫째, 짜증이 많아진다.

하기 싫은 일을 할 때, 뭔가 뜻대로 되지 않을 때 아이는 짜증을 낸다. 어른도 하기 싫은 일은 손에 잡히지 않는다. 손에 잡히지 않는다는 말이야말로 집중이 안 되는 상황을 제대로 표현하는 말이다.

집중하지 못하니 재미를 느끼기 어렵고, 그러니 쉽게 짜증이 난다. '이렇게 할래? 저렇게 할래?'라고 물어도 제대로 대답하지 않고 투덜거린다. "왜 이렇게 짜증을 내니!" 이런 말은 소용없다. 결국 부모는 진정하지 못하는 아이를 혼내게 되고, 이렇게 혼난 아이는 이제 부모 탓을 하며 더 집중하지 못하고 방황하는 모습을 보인다.

둘째, 산만해진다.

산만함은, 잠시도 집중하지 못하는 어수선한 상태를 뜻한다. 집중 시간이 짧은 것과 산만함은 다르다. 30분 넘게 집중하는 친구들에 비해, 우리 아이는 10분에 한 번씩 일어난다 해도 그 10분 동안 아이가 집중했는지 아닌지를 먼저 살펴야 한다. 일기를 한 번에 완성하지 않았다 해도, 한두 줄 쓰고 일어나서 왔다 갔다 했다 해도, 짜증내지 않고 결국 일기를 마무리했다면 이런 모습은 산만함과는 다르게 보아야 한다. 만약 우리 아이가 진짜로 집중력을 도둑맞기 시작했다면 부산스럽기만 하고, 이것저것 건드리지만 정작 제대로 하는 것은 없는 모습으로 나타난다. 20분짜리 숙제를 1~2시간 걸려 겨우 끝냈는데, 내용은 엉망인 경우처럼 말이다.

셋째, 멍 때리는 시간이 많아진다.

숙제를 하는 중에 혹은 수업 중에 설명을 듣지 않고 멍한 경우가 잦아진다. 아이의 집중력이 건강하게 작동하고 있을 때는 관심 있는 일, 재미와 흥미를 느끼는 것에 멍한 경우는 거의 없다. 그런데 집중력을 잃어버리기 시작하면 관심과 재미, 잘하는 활동에도 흥미를 잃고 멍해지는 경우가 종종 생긴다. 때로는 정서적 활력을 잃어버린 모습을 보이기도 한다. 뭘 해도 의욕이 없고 무력감을 보이며 일상적인 활동 전반에서 멍한 모습으로 지내는 경우가 생기기도 한다.

바로 이 세 가지, 짜증과 산만함, 멍한 모습은 아이의 집중력이 힘을 잃고 있다는 것을 알려주는 아주 강력한 신호이다. 자주 짜증을 내는 것은, 성격 탓이 아니라 무언가가 잘되지 않고 있다는 강력한 경고음이다. 부산스럽기만 하고 제대로 하는 게 없는 것도, 할 일을 안 하고 멍하게 있는 것도 아주 강력한 신호임을 알아차려야 한다.

우리는 살면서 경고음을 자주 듣는다. 자동차 문을 제대로 닫지 않았거나 안전벨트를 하지 않았을 때, 운전을 하는 도중 차선을 이탈했을 때나 주변의 장애물에 가깝게 주차를 했을 때 등등 자동차는 종종 '삐삐' 하는, 날카로운 경고음을 냄으로써 우리의 신경 체계가 위험에 대비하도록 경고를 보낸다.

하지만 안타깝게도 아이의 심리에 문제가 생길 때 나타나는 신호들은 이러한 경고음처럼 구체적이지 않다. 명확하지 않기에, 그것은 오직 부모가 공감적인 시선과 통찰력으로 아이를 보고 있어야만 알아챌 수 있다.

만약 우리가 이러한 강력한 3가지 신호 '짜증, 산만함, 멍 때림'을 알아차렸다면, 그 다음에 할 일은 이러한 신호를 불러일으킨 원인을 정확히 파악하는 것이다. 과연 이러한 신호는 무엇 때문에 나타나는 것일까? 관심 없고, 재미없고, 어려운 일 앞에서는 짜증이 나고, 산만해진다. 즉, 집중력이 사라지는 원인은, 타고난 집중력을 저절로 일으키는 대상의 반대편에 있음을 알아야 한다. 물론 아이의 집중력을 앗아가는 자극과 환경도 그 원인에 속한다. 관심도 있고, 재미도 있고, 자부심을 느끼는 일이 있어도 더 강력한 자극이 있다면 마음을 빼앗기기 쉬우니 말이다. 그래서 도움이 필요하다. 환경을 조절해주고, 조금씩 관심을 갖게 하고, 재미를 붙이게 이끌어주는 과정이 필요하다. 어렵게 느껴지는 과제라면, 단계를 쪼개 아이가 거뜬히 해나갈 수 있게끔 부모가 징검다리를 놓아주어야 하는 것이다.

결국 요즘 시대에, 아이가 산만해지는 가장 큰 원인은 집중력을 앗아가는 환경 자극이 많아졌기 때문이고, 관심 없고 재미없고 어려운 것을 참아내면서 하는 힘이 아직 길러지지 않았기 때문이다. 아이들은 자신이 왜 그러는지 이유를 모를 뿐 아니라, 이러한 현상이 나타날 때 스스로 마음을 통제하고 조절하는 힘을 아직 키우지 못했고, 해결 방법도 배우지 못했다. 3가지 신호가 아이의 일상에 등장하는 것은, 혼나기 위함이 아니다. 혼이 났다고 정신을 바짝 차려서 집중을 잘하게 되는 것은 더더욱 아니다.

어쩌면 이 문제를 해결하는 비결은 매우 간단하다. 관심을 되찾고, 재미를 느끼고, 조금씩 잘한다는 확신을 얻으면 된다. 물론 이 과정을 실행하려면, 섬세한 준비과정이 필요하겠지만 말이다.

많은 부모들이, 아이의 집중력 습관이 초등시기에 자리 잡는다는 사실을 모르고 그저 숙제만 열심히 시키면 되는 줄 착각한다. 그래서는 집중력이 더욱더 약해질 뿐이다. 게다가 집중력은 공부에만 필요하다고 생각하지만, 실은 친구들과의 놀이와 관계에서도, 나아가 일상의 모든 생활을 건강하게 유지하기 위해서도 꼭 필요하다.

따라서 부모들은, 집중력을 도둑맞았다는 세 가지 신호에 적절히 반응할 수 있어야 하고, 구체적인 해결방법을 알아야 한다. 없던 것을 만드는 건 어렵지만 원래 아이가 갖고 있던 것을 잘 지켜주고 키워주는 것은 그렇게 어렵지 않다. 다만 이 과정을 수월하게 잘하기 위해서 부모가 키워야 할 약간의 능력이 있다. 바로 메타인지 능력을 갖추는 것이다.

부모의 메타인지가
아이의 집중력을 되살린다

아이의 산만한 태도에 화부터 낸다면, 도둑맞은 집중력을 되찾아오지 못한다. 화내기 전에 먼저 질문해야 한다.

'짜증내고, 산만하고, 멍 때리는 아이의 집중력을 되찾기 위해서는 무엇이 필요할까?'

이때, 꼭 필요한 것은 부모의 메타인지 능력이다. 메타인지란 제3자의 입장에서 보는 것처럼 자신과 상황을 객관적으로 보며 '내가 무엇을 알고, 무엇을 모르는지 알아차리는 능력'을 말한다. 부모에게 필요한 메타인지 능력은 '우리 아이가 무엇을 알고 무엇을 모르는지, 어떤 상황에서 어떤 반응을 보이는지 알아차리고, 문제와 원인을 파악해 아이를 돕는 방법을 객관적으로 알아차리는 것'이다.

메타인지가 잘 발달된 부모는 자신에 대한 이해도도 매우 높다. '나는 아이의 감정 반응에 예민한 편이니 미리 예방하는 게 좋아. 아이가 짜증을 내면, 화부터 내는 경향이 있는데 문제 해결에는 도움이 안 되니 심호흡하고 진정하는 게 필요해. 지금 알고 있는 방법은 잘 맞지 않는 것 같아. 뭔가 다른 방법이 있을 거야. 찾아보자'라고 생각한다.

이렇게 생각하지 않고, 아이의 짜증, 산만함, 멍 때리는 태도에 화부터 낸다면, 안전벨트를 하지 않아 경고음이 울리는데, 이상한 소리가 난다고 짜증을 내는 것과 다르지 않다. '안전벨트를 하지 않아서 소리가 나는구나. 벨트를 매야지'라고 생각하는 방식, 그리고 한걸음 더 나아가 '나는 경고음 소리를 매우 싫어하니까, 차가 출발하기 전에 미리 벨트를 매야지'라고 생각하는 방식이 부모가 갖춰야 할 메타인지 능력이다.

이제 아이가 보내는 집중력 부족 신호를 메타인지 방식으로 되짚어보자. 숙제를 시작한 아이가 10분도 되지 않아 짜증을 낸다. 이유가 무엇일까? 어려워서, 양이 너무 많아서, 손이 아파시, 놀고 싶어서… 이유는 무척 많다. 그 중에서 가장 핵심적인 원인은 바로 집중력을 잃어버렸기 때문이다. 집중을 못하니 하기 싫고, 놀고만 싶고 그래도 해야 하니 짜증이 나는 것이다. 그렇게 이해하고 생각하는 게 바람직하다.

'아이가 집중을 못해서 짜증을 내는구나. 짜증을 진정시키려면 어떻게 해야 할까? 집중력을 잃어버린 이유는 무엇일까?'
'아이의 수준에 비해 문제가 너무 어려웠을 수도 있으니 쉬운 문제부터 다시 차근차근 풀게 하면서 지켜보자.'

이렇게 생각하는 메타인지적 태도를 먼저 장착하는 것이 우선이다. 이러한 준비가 이미 되어 있다면, 이제 아이의 집중력 부족을 알려주는 세 가지 신호에 대한 메타인지적 대응 방법을 알아보자.

첫째, 짜증내는 아이에게는 공감과 다독임이 필요하다. 집중력이 흔들릴 때, 짜증을 내는 것은 감정 문제다. 아이가 자신의 감정을 주체하지 못해 터져 나오는 게 짜증이다. 심리학적으로 봤을 때, 외부 자극은 그저 촉발제일 뿐 자신의 마음 상태가 결국 짜증이라는 감정을 불러일으키는 주원인인 것이다.

아이가 짜증을 낼 때, 기억해야 할 첫 번째 대응 원칙은 '아이가 불편한 감정을 진정시키고 해소할 수 있도록 돕는다'이다. 숙제가 너무 많고 어려워 짜증이 났다면, 그 감정을 먼저 진정시키고 해소한 후에야 숙제를 할 수 있는 힘이 생기기 때문이다. 그리고 그 불편한 감정은 무조건 공감해주어야 진정된다. 그러니 "왜 짜증을 내니!"와 같은 말 대신, 이런 말이 필요하다.

"잘 안 돼서 속상하니? 답답해서 그렇구나. 잘 안 되면 짜증날 수 있지."

둘째, 산만해졌다는 것은 집중을 방해하는 요소가 생겼다는 뜻이다. 지루하거나, 과제가 어려워질 때 아이는 산만해진다. 그래서 새로운 흥밋거리나 집중의 대상을 찾으려 이것저것 집적대기 시작한다. 이것을 다르게 생각해보면 에너지가 여기저기로 떠돌고 있는 것일 뿐, 에너지가 소진된 상태는 아니라는 뜻이다. 이럴 때는 마음과 생각이 이리저리 돌아다니지 않도록 정리해주는 게 필요하다. 이때는, 일단 '멈추고, 생각하고, 행동하기' 기법을 사용할 수 있다.

* 멈추기: 잠깐 멈춰, 집중력이 흐트러졌구나. 잠시 물 마시고 쉬었
    다 시작하자.

* 생각하기: 지금 ~할 시간이야. 기억하지?

*행동하기: 이제 마음집중 준비됐니? 다시 시작!

이렇게 간단한 대화가 의외로 아이의 집 나간 집중력을 되찾아준다. 심심하다고 짜증을 낼 때에도 이 기법을 사용해볼 수 있다. 놀이에도 집중력이 필요하기 때문이다.

셋째, 아이가 멍을 때리면 휴식이 필요하다는 뜻이다. '멍 때리기'는 아이가 지금 하고 있는 일에 집중하지 못한다는 것을 보여주는 신호이면서, 동시에 뇌를 쉬며 회복하고 있다는 신호이기도 하다. 일정 시간 동안 집중하고 나면 머리가 멍해지고, 아무 생각도 하기 싫을 때가 찾아온다. 이때는 온전히 쉬어야 한다. 그래야 우리의 뇌가 휴식을 취하고, 에너지를 다시 충전할 수 있다. 결국, 멍 때리기는 우리의 뇌가 스스로 회복하기 위해 자신의 몸에 명령을 내리는 것으로, 집중력을 잃어버렸다는 신호이기도 하지만 동시에 강력한 회복의 방법임을 이해해야 한다. 그러니 아이가 자신도 모르게 멍을 때리고 있다면 혼내는 대신 오히려 쉬고 있는 중이라고 말해주는 게 바람직하다.

"멍해졌구나. 쉬라는 신호야. 일단 쉬자."
"이럴 때는 아무 생각도 하지 않고 쉬는 게 좋아."

"우리 잠깐 기분 좋게 바람 쐬며 산책하고 올까?"

사람의 뇌신경은 잘 쉬고 난 후 빠른 속도로 재생되며, 기억력이 20배 이상 높아진다는 연구 결과도 있다. 그러니 쉴 때는, 가벼운 산책을 하거나 아무것도 하지 않으면서 진짜 제대로 쉬는 게 좋다. 이러한 설명을 아이에게도 해주고, '게임을 하거나 유튜브를 보는 건 뇌가 진짜 쉬는 게 아니라는 말'도 함께 해주자.

이렇게 집중력 부족 시그널에 성숙하게 대응하는 태도가 바로 부모의 메타인지 능력이다. 집중력을 잃어버린 아이 앞에서 부모가 흥분하거나 화내지 않고 마음의 중심을 잡을 수 있도록 부모의 메타인지 능력을 함께 키워보자.

집중력을 키워주는 부모의 4원칙

평소 메타인지를 발휘해 아이의 집중력 신호를 잘 인지하고, 아이의 집중력이 도둑맞지 않게 잘 도왔다면, 이제는 집중력을 좀 더 발전시키기 위한 부모의 4원칙을 알아볼 차례다.

첫 번째 원칙, 아이가 올바른 생각을 갖게끔 돕는다. 만약 아이가 숙제를 제대로 하지 않아서 혼이 났다면, 우선은 상처받은 마음을 진정시켜주는 과정이 필요하다. 그런 다음, 아이가 이 경험으로 인해 어떤 생각을 갖게 되었는가를 살펴야 한다. '어떤 생각을 가졌는지'가 앞으로의 생활에 매우 큰 영향을 미치기 때문이다.

만약 숙제하지 않은 것을 계속 비난하거나, 그것도 못하냐며 비하한다면 아이는 숙제에 대해 어떤 생각을 갖게 될까? 그저 피하고만 싶을 것이다. 참고 하려고 했던 긍정적인 의도나 작은 노력을 인정받지 못한다면, '해도 혼나고, 안 해도 혼나니 차라리 안 하는 게 낫다'는 잘못된 신념을 가질 수 있다. 그러니 숙제를 하기 싫어하는 아이와는 이런 대화를 나누어 보자.

"숙제하기 싫은 이유가 뭐야? 어려워서 그렇구나. 그럼 좀 쉽다면 숙제를 할 수 있다는 말이야? 그렇구나. 너도 숙제를 잘하고 싶었구나."

어떤가? 이러한 대화는, 숙제하기 싫다는 생각에 머물러 있던 아이가, 사실은 자신 안에도 숙제를 잘하고 싶다는 진짜 욕구가 있었다는 걸 깨닫게 도와준다. 이런 대화가 있어야 아이는 자신에 대해서도, 해야 할 일에 대해서도 올바른 생각을 갖게 된다.

'숙제는 꼭 하는 거야. 어려울 땐 쉽게 하는 방법을 찾을 수 있어.' 이렇게 지혜롭게 생각하도록 도와주는 것이 바로 아이의 생각을 돌보는 일이다. 그래야 아이는 자신의 목표를 향해 집중력을 발휘할 수 있다.

두 번째 원칙, '지금 여기'에서 가장 중요한 것이 무엇인지 깨닫

게 돕는다. 아이는 하교 후, 간식을 먹고, 30분 동안 숙제 한 다음 10분짜리 유튜브를 보고 학원에 갈 예정이다. 그런데 갑자기 놀이터에서 놀자는 친구의 문자가 도착했다. 이때 아이는 어떻게 할까? 사실 엄마가 아이의 외출을 허락하고 말고는 중요한 문제가 아니다. 이런 상황에서 아이 스스로 자신의 선택에 따른 결과를 예측해볼 수 있어야 한다. 만약 엄마가 숙제를 내팽개치고 놀러 나가고 싶다는 아이에게 화를 낸다면, 이 능력을 키워줄 수 없다.

충동성을 잘 조절하는 아이로 키우려면, 아이가 다음 상황을 예측하고 만족을 지연시킬 수 있게끔 도와야 한다. 그 순간의 충동을 잠재우는 데 필요한 부모의 말은 다음과 같다.

"와, 너무 강한 유혹이네. 나가고 싶은 마음이 불쑥불쑥, 어떡하지? 조절할 수 있겠어?"

천천히 한마디씩 말해보자. 신기하게도 아이의 충동성이 조금씩 수그러들기 시작할 것이다. 약간의 투정은 있겠지만 아이는 결국 친구에게 이렇게 말할 수 있게 될 것이다.

"안 돼. 나 숙제하고 학원가야 해. 다음에 미리 약속해서 놀자."

이렇게, '지금 여기'에서 가장 중요한 게 무엇인지 판단하는 능력이 자라기 시작한다.

세 번째 원칙, 평소 간단한 운동을 즐기게 돕는다. 운동은 체력을 키우는 것에도 좋지만, 아이의 집중력에도 큰 영향을 미친다. 운농을 하면 혈액 순환이 활발해지는데, 이것은 곧 뇌로 흐르는 혈류량을 증가시키고, 결국 산소와 영양소의 공급을 촉진시켜 집중력을 포함한 뇌의 인지 기능을 높여준다. 집중력을 비롯하여 이해력, 기억력까지 함께 좋아지니 당연히 학습 능력과 효율성도 올라가게 된다.

또한, 정서적인 효과까지 누릴 수 있다. 운동을 하면 엔돌핀의 분비가 촉진돼서 스트레스가 감소되고 기분이 좋아지기 때문이다. 따라서 학년이 올라갈수록 뛰어놀 시간이 없다는 말은, 어찌 보면 그만큼 아이의 집중력을 키울 시간이 사라졌다는 뜻이기도 하다.

그러니 집중 못하는 아이를 무조건 책상 앞에 앉아 있게 하는 건 어리석은 일이다. 차라리 몸을 좀 움직이게 하자. 제자리 뜀뛰기나 줄 없는 줄넘기를 해보는 것도 좋고, 5분 혹은 10분 이내로 할 수 있는 간단한 실내 체조를 함께 해보는 것도 좋다. 그렇게 몸을 움직인 다음, 다시 공부를 시작하면 그 전보다 확실히 집중력이 올라간다. 집중이 잘되지 않는 상태로 억지로 3~4시간 앉아 있는 것보다 1시간은 즐겁게 운동하고, 1시간은 집중력을 발휘하면 훨씬 더 높은 효율성을 얻을 수 있음을 기억하자.

네 번째 원칙, 집중력 습관을 키우는 일상의 루틴을 만들어야 한다. 집중력은 공부를 할 때뿐 아니라, 일상적인 과업과 놀이를 할 때도, 심지어 친구들과 관계를 맺을 때도 큰 영향을 미친다. 특히 집중력을 연습하고 훈련할 수 있는 초등 시기에 이것이 습관으로 자리 잡지 못하면, 앞으로 다가올 중고등 시기에는 더 큰 어려움을 겪게 될 거라는 건 너무도 쉽게 예상이 가능하다.

루틴이란, 우리의 삶에 도움이 되는 행동을 일정하게 정해진 순서대로 의식적으로 반복하여 실행하는 것을 의미한다. 반면, 습관은 몸에 배어 꼭 의도하지 않아도 자동적으로 하게 되는 행동을 뜻한다. 그러니 루틴을 만들어 습관으로 자리 잡도록 키워주는 것이 바로 집중력을 높이기 위해 해야 할 부모의 역할이다.

관심도 없고, 재미도 없고, 어려워서 하기도 싫지만 그럼에도 불구하고 해야 하는 활동에 대한 집중력 습관을 키워야 한다. 그러기 위해서는 우선 일상생활에서 루틴을 만드는 과정이 중요하다. 루틴을 만든다는 것은 아이가 정해진 일과를 의식적으로 인지하고 행동하도록 돕는 것을 의미한다. 즉, 부모의 개입 없이도 아이 스스로 그 루틴을 지키게 될 때까지는 부모가 도와야만 한다.

만약 아이가 아침마다 짜증을 내며 일어난다면, 혹은 일상 속에서 해야 할 일늘을 귀찮아한다면, 숙제를 매번 미룬다면 아이의 생활에 루틴이 필요한 것이다. 아이가 무작정 참고 노력해야 한다는 생각은 잠깐 내려놓자. 날마다 반복되는 일상 속에 좀 더 지혜롭고 합리적인 루틴을 만들어 놓는다면, 그것은 아이의 머리와 몸에 습관으로 새겨지고, 결국 일상 속 집중력을 높여줄 것이다.

21과 66을 기억하자. 습관을 뇌에 각인시키는 데는 평균 21일이 필요하고, 이를 행동으로 몸에 각인시키는 데는 평균 66일이 걸린다. 물론 기질에 따라 200일이 걸리는 경우도 있지만, 장기적으로 본다면 초등 시기에 만들어놓은 바람직한 생활 루틴은 청소년 시기에도 좋은 영향을 미친다.

이제 아이의 집중력을 위한 일상의 루틴을 만드는 방법들을 알아보자.

2장

일상 집중력:
잘 만들어진 습관의 힘

아침 시간의
집중력 높이기

💡 상황 예시

🙍 **엄마**　빨리 일어나. 늦었어. 어서 씻어.

👦 **아이**　….

🙍 **엄마**　아유, 왜 이렇게 꾸물거려. 다 챙겼니? 늦었다고. 빨리 준비해!

👦 **아이**　(느릿느릿, 뭉그적)

🙍 **엄마**　진짜 너 때문에 못 산다, 못 살아.

👦 **아이**　아, 다 귀찮아!

날마다 반복되는 아침 시간, 하나하나 잔소리하고 챙겨야 겨우 움직이는 첫 번째 원인은 잠이 제대로 깨지 않았기 때문이다. 눈은 떴지만, 정신은 아직 깨어나지 않아서 챙기고 준비하는 일이 어려운 것이다. 이 '아침 전쟁'에서 벗어나고 싶다면, 아침 시간의 첫 단추인 잠을 깨우는 일부터 체크할 필요가 있다. 아이가 기분 좋게 잠에서 깨어나 침대에서 벌떡 일어날 수만 있다면 그 다음 과정인 준비 시간이 훨씬 수월해진다.

그렇다면 왜 아이는 잘 일어나지 못할까? 제일 먼저 아이에게 잠이 충분한지 살펴봐야 한다. 잠을 푹 자게 하기 보다 잠을 적게 자면서도 과제에 집중하기를 바라는 경우가 종종 있지만, 아쉽게도 그런 일은 일어나지 않는다. 충분히 자야 개운하게 일어나고, 깨어 있는 시간 동안 최상의 집중력을 발휘할 수 있다. 그러니 아침에 일어나기 힘들어 한다면 제일 먼저 잠이 부족한 건 아닌지 점검해보자. 초등학생은 평균 9~11시간을 자야 하고, 아이의 수면 시간이 이보다 훨씬 부족하다면 수면시간을 솜 더 확보해야 한다. 잠이 부족할 때, 집중력은 치명적으로 저하된다는 사실을 기억해야 한다.

두 번째는, 일상에 대한 기대감이 낮기 때문일 수도 있다. 엄마랑 영화관에 가기로 약속한 날이나 현장체험을 가는 날처럼 좋아하는 이벤트가 있는 날에는, 일부러 깨우지 않아도 아이는 벌떡 일어난다. 반대로, 단원평가를 보는 날이나 학원 테스트가 있는 날, 싫어하는 학교 수업이 있는 날이라면, 아이는 한없이 게을러진다. 오늘 하루, 재미없고 스트레스 주는 일들만 빼곡하다면 잠자리에서 일어나는 일을 짜증으로 시작할 수밖에 없다.

세 번째, 준비물을 못 챙겼거나 제출해야 할 학교 숙제나 학원 숙제를 미처 다 하지 못한 경우에도 자꾸 뭉그적거릴 수 있다. 즉, 등교 준비를 제대로 하지 못했을 때 아이는 일어나서 하루를 시작하는 것을 자꾸만 미루고 싶어 한다.

네 번째, 아직 아침 생활 루틴이 제대로 잡히지 않아서일 수도 있다. 아침 시간 루틴이 제대로 잡힌다면 보다 더 즐겁게 하루를 시작할 수 있다.

💡 집중력 향상 하우투

① 상쾌한 아침 환경 만들기

환경이 잘 준비되어 있는 것만으로도, 간단하게 해결되는 문제들이 꽤 있다. 일단 정신을 깨우는 데 필요한 도구들을 준비해보자. 눈뜨면 바로 보이는 벽시계처럼, 시각적 환경을 조성해 주면 좋다. 엄마가 시간을 말하며 재촉하는 것보다 아이가 직접 현재 시간을 확인하고 일어나는 게 훨씬 효과적이다. 고개를 돌려서 확인해야 하는 머리맡이나 침대 옆 탁자보다는, 가능하면 눈을 떴을 때 바로 보이는 곳에 시계가 걸려 있으면 더 효과적이다.

다음은 청각적 환경이다. 아이가 좋아하는 음악을 들려주거나, 시간적인 여유가 있다면 책을 읽어주는 것도 좋다. 아니면, 전날 읽어주면서 녹음한 내용을 틀어주기만 해도 좋다. 이야기를 듣다 보면 아이의 전두엽이 깨어나고, 기분 좋게 벌떡 일어날 수 있게 된다. 음악과 책을 적당히 바꾸어가며 아이를 깨워보자. 기분 좋게 잠에서 깨어나 즐겁게 하루를 시작할 수 있다.

② 사랑과 감탄의 말과 손길로 깨우기

잠자는 아이의 사랑스러운 모습을 만끽하면서 그 예쁜 마음을 아이에게 전달하면서 깨워보자. 엄마가 혼을 내서 짜증이 난 상태로 일어난다면 아이의 하루가 어떤 모습일지는 뻔하다. 잠에서 깨어날 때의 기분이 그날의 기분을 결정한다. 기분 좋게 일어나야 경쾌하고 활기찬 하루를 시작할 수 있는 법, 눈뜨자마자 아이에게 사랑을 담은 표현들을 들려줘보자.

"자는 모습도 너무 예뻐. 누구 닮아서 이렇게 예쁘니. 잠자는 모습
  도 사랑스럽구나."

"더 자고 싶지. 엄마가 마사지 해줄게."

"아직 5분 더 잘 수 있어. 뽀뽀."

이러한 말과 스킨십을 받고서 일어난다면, 기분 나쁠 아이는
아무도 없다. 괜히 응석을 부리며 "엄마, 하지 마"라고 말할 수도
있지만, 괜찮다. 잠결에 듣는 사랑의 언어는 아이의 무의식에 자
리 잡아 자존감의 근원이 된다. 그러니 아이의 존재에 대한 사랑
과 감탄을 충분히 표현해보자.

③ 기대하는 일 만들기

오늘 하루 일과 중, 기대하는 일이 있다면 더 쉽게 일어날 수
있다. 아이가 평소에 관심 있어 하고, 잘하고, 재미있어 하는 것
을 찾아 들려주자.

"오늘 체육 시간에 ~~하는 날이지?"

"오늘 급식 시간에 너 좋아하는 반찬 나오더라."

이런 말 한마디로도 아이의 몸과 마음은 상쾌해진다. "강아지

밥 주자"는 엄마 목소리에 아침마다 침대에서 벌떡 일어난다는 아이도 있다. 친구와의 놀이 약속, 방과 후 활동, 좋아하는 수업 등등 오늘 하루에 대한 기대감은 아침 시간을 부드럽게 만들어 주는 마법이다. 그러니 가능하다면 아이에게 오늘 하루에 대한 기대감을 심어주자.

④ 등교 친구 만들기

'8시에 친구와 놀이터 앞에서 만나서 학교 가기'라는 약속을 정한 날부터 아이의 아침 시간이 완전히 달라지는 경우도 있다. 엄마 아빠 말은 안 들어서 속 터지게 하면서도 친구와의 만남 앞에서는 용수철 튕기듯이 벌떡 일어나 움직이는 게 아이다. 아이가 등교 친구를 스스로 만들 수 있다면 감사한 일이겠지만, 그렇지 않다면 약간의 도움을 주자. 학부모 SNS를 통해, 아침에 아이와 만나서 등교할 친구를 찾아보자. 아마 많은 아이들이 친구를 만들고 싶어 하기에 분명 쉽게 등교 친구를 만날 수 있을 것이다. 사회성 역시 그렇게 배우며 자라게 된다.

준비물 챙기기
루틴

💡 **상황 예시**

🙎 **엄마** 준비물 다 챙겼니? 빨리 준비해!

😀 **아이** 다 챙겼어. 다 챙겼다고.

🙎 **엄마** 챙기긴 뭘 다 챙겨. 봐, 이거 빼먹었잖아. 그러니까 어제 미리
　　　　　 챙겨 놓으라고 엄마가 말했지.

😀 **아이** 아, 하면 되잖아~!

🙎 **엄마** 언제까지 엄마가 챙겨야 해? 내가 정말 못 살아.

아이가 초등학생이 되면 가장 먼저 키워줘야 할 것 중 하나가 바로 '스스로 준비물을 챙기는 습관'이다. 아직 아이들은 챙겨야 하는 것에 대한 책임감과 체계적으로 준비하는 법을 배우지 못했다. 그러므로 차근차근 준비물 챙기는 방법을 알려주고, 습관으로 만드는 일은 매우 중요하다.

하지만 대부분 말로만 챙기라고 하고 정작 아이를 가르치며 연습시키는 것은 놓친다. 일단, 우리 아이가 준비물을 잘 챙기지 못하는 이유부터 알아보자.

첫째, 학교 준비물 챙기기, 누가 하는가? 초등 입학 시기부터 아이의 준비물은 누가 챙겼는가? 처음부터 부모가 대신해 주기 시작하면 중학생이 되어서도 스스로 챙기지 못하게 되는 경우가 많다. '이제 고학년이 됐으니 네가 스스로 챙겨야지'라고 아무리 말해봤자 이미 자리 잡은 나쁜 습관은 쉽게 고쳐지지 않는다. 그러니 스스로 학교 수업 준비물을 챙기는 루틴을 다시 만들어야 한다. 아이가 주도하고 부모가 옆에서 도와주는 방식이 좋다. 아이가 스스로 알림장과 시간표를 하나하나 확인하며 챙기고, 부모는 옆에서 '잘하고 있다'고 지지하면서 아이가 준비물을 잘 정리해서 가방에 넣는 것까지 확인하면 된다.

둘째, 생활 준비물을 미리 챙기지 못해서이다. 아침 식사와 옷 입기, 씻기와 양치질 등은 생활 준비물에 속한다. 이러한 생활 준비물은 아침 시간의 여유로운 등교를 결정짓는 데 매우 중요한 영향을 미친다.

아침에 아이와 실랑이를 벌이는 지점들을 생각해보자. 반찬 투정, 옷 타령… 씻고 양치질하는 건 또 어떤가. 기분 좋게 잠에서 깨어나도 아침 시간이 전쟁이 되어 버리는 이유는, 이렇게 생활 준비물에 대한 루틴을 제대로 준비해두지 않았기 때문이기도 하다.

셋째, 마음 준비물을 놓쳤기 때문이다. 학교에서 부담스러운 일, 친구 사이에 불편한 일이 있다면 학교에 가기 싫고 아침에 일어나기도 어렵다. 그러니 마음 준비물은 절대 빠뜨리면 안 된다.

오늘 하루, 학교에서 힘든 일은 없었는지, 불편했거나 스트레스 받은 일은 없었는지 점검한다. 그 다음엔 내일에 대한 걱정, 불안, 부담, 스트레스 요인이 있는지 살펴본다. 그래야 다음 날의 마음 준비를 미리 할 수 있다. 혹시 친구와 갈등이 있었다면 내일 친구와 만나서 어떤 말을 할지 아이와 얘기해보거나 가르쳐 주는 것도 필요하다. 또한 수업에 집중하려는 마음가짐, 친구들과 쉬는 시간에 즐겁게 놀며 대화할 마음의 준비 역시 필요하다.

① 학교 준비물 챙기기, 제대로 연습하기

준비물 챙기기 습관을 아직 길러주지 못했다면 이제 다시 시작하자. 책가방의 주인은 아이다. 절대 엄마가 가방에 준비물을 넣어줘서는 안 된다. 물통조차도 아이가 스스로 챙기는 게 중요하다. 엄마는, 아이가 준비물을 챙기는 모습을 보면서 "잘한다. 잘 찾았다. 잘 정리해서 넣는구나." 하고 칭찬만 해주면 된다. 이 과정을 일주일만 지속해도 아이는 이제 엄마가 대신 챙겨주지 않는다는 사실을 받아들이기 시작한다. 오히려 부모가 시간에 쫓겨 아이의 준비물을 대신 챙겨주는 실수를 하지 않는 게 중요하다.

아이가 준비물을 못 챙겼다고 학교로 달려가서 전해주는 것 역시 일단은 참아보자. 기다렸다가 아이가 요청할 때 도와주는 게 가장 좋다. 자신의 실수에 대한 결과를 경험해보는 것도 분명 큰 도움이 되기 때문이다. 아이가 요청하지 않았는데, 아이의 주도권을 엄마가 가져오는 실수는 하지 말아야 한다.

준비물 수첩을 만들어 매일의 준비물을 기록하게 하는 것도 좋다. 스스로 준비물을 적어보고 챙기고 체크하며 항목을 지워가는 즐거움은 아이의 주도성을 키워주고, 좋은 습관을 만들어주는 데 큰 도움이 된다.

② 생활 준비물 챙기기

"내일 아침에 필요한 걸 미리 준비해볼까?"

이렇게 말하고 생활 준비물을 챙겨보자. 전날 저녁에, 다음 날 입을 옷과 양말을 아이와 함께 골라 옷걸이에 걸어두자. 내일 신을 신발까지 아이가 스스로 현관에 가지런히 정리해두게 한다면 더 좋다.

만약 머리 모양에 신경 쓰는 아이라면, 전날 원하는 스타일에 대해 이야기해보고 결정해두자. 이렇게 하면, 아이도 마음에 드니 안 드니 짜증낼 일이 없고 엄마도 감정을 소모할 일이 줄어든다. 아침 식사도 마찬가지다. 밥투정이 심한 아이라면, 식사 메뉴를 미리 알려주거나 아이가 먹고 싶은 메뉴로 미리 의논해서 결정할 수도 있다. 이런 식으로 다음 날을 위한 준비 과정을 끝냈다면 하이파이브를 하고, 개운한 마음으로 여유를 함께 즐겨보자.

의외로 이 생활 준비물을 챙기지 못해서 아침마다 실랑이가 벌어지는 경우가 많다. 습관이 될 때까지 아이를 도와주자. 만약 이러한 습관이 제대로 자리 잡힌다면, 우산이나 신발주머니, 겉옷을 잃어버리고 오는 일도 확연히 줄어들 것이다. 그때쯤이면, 생활 준비물을 제대로 챙기지 못했을 때 아이가 먼저 불편함을 느끼게 되기 때문이다.

③ 마음 준비물 챙기기

"혹시 친구가 수업시간에 장난을 치면 어떻게 할 거야? 발표를 못 했다고 놀리면? 오늘은 너랑 안 논다고 하면 어떻게 할 거야?"

이렇게 물어보자. 아이는 친구에게 하지 말라고 말하고 수업에 집중하겠다고 대답할 수도 있다. 오늘 못 놀면 내일 놀 거라고 대답할 수도 있다. 이러한 대화를 주고받는 것이 바로 마음을 준비하는 과정이다. 대화를 통해 마음의 방향을 보여줄 수 있고, 만일의 경우가 생기더라도 방향이 결정되어 있으니 흔들릴 가능성 또한 줄어든다. 특히, 마음 준비물은 아이의 자존감을 건강하게 지켜준다.

학교생활
집중력 높이기

💡 상황 예시

🙎 **엄마**　아이의 수업 태도는 어떤가요? 집중은 잘하고 있을까요?

🙎 **선생님**　수업이 시작됐는데도 교과서를 꺼내지 않는 경우가 종종 있
어요. 지시 사항이나 질문에 대해서도 다시 되묻는 경우가
많고요. 혹시 집에서의 모습은 어떤가요?

🙎 **엄마**　집에서도 좀 산만하고 뜬금없는 말을 할 때가 있어요.

🙎 **선생님**　아, 그렇군요. 발표 시간에도 종종 엉뚱한 말을 할 때가 있어
서요. 저도 지도하고 있지만 빨리 좋아지지는 않네요. 집에
서도 함께 지도해주시면 좋겠어요.

담임선생님과의 상담에서 이런 말을 듣게 된다면 걱정하지 않을 수 없다. 그렇잖아도 아이의 학교생활에 걱정이 많은 부모에게 이러한 지적은 가슴을 짓누르는 커다란 돌덩이가 된다. 하지만 걱정에만 머무를 수는 없다. 이유를 알고 지혜롭게 대처해야 한다. 먼저 학교생활에서 이 같은 문제가 생기는 현상을 구분해서 생각할 필요가 있다.

첫 번째는, 집에서도 산만하고 문제 행동이 많은 경우다. 가만히 앉아 있지 못하고, 밥 먹을 때 계속 왔다 갔다 하거나 준비물을 챙길 때도 시간이 오래 걸린다. 숙제를 할 때도 하기 싫어서 온몸을 뒤틀며 엄마 속을 뒤집는다. 그야말로 하루 종일, 엄마가 아이의 뒤치다꺼리를 해야 하는 경우다.

다른 하나는, 집에서는 잘하는데 학교에서는 천방지축인 경우다. 집에서는 엄마가 장난감을 치우라고 하면 치우고, 숙제를 시키면 조금 산만하지만 마무리를 하고, 지시도 잘 따르는 편인데 학교에서는 그렇지 않다면? 이렇게 집과 학교에서의 모습이 다르다면, 부모가 너무 엄격해서일 수도 있고, 아이가 학교생활 규칙에 아직 적응하지 못해서일 수도 있다.

물론 어느 경우든, 학교생활에 문제가 없도록 아이를 도와주어야 한다는 것에는 변함이 없다.

그렇다면 이런 문제를 불러오는 주요 원인은 무엇일까?

첫째, 학교생활 태도를 배우지 못했기 때문이다. 아이에게 물어보면 대답은 잘한다. 쉬는 시간에는 책과 준비물을 챙겨야 하며, 화장실도 미리 다녀와야 하고, 친구들과 놀다가도 수업 종이 울리면 착석해서 수업에 집중해야 한다는 사실을 머리로는 알고 있다. 그런데 왜 꼭 그 규칙들을 지켜야 하는지에 대해서는 공감하지 못했을 수 있다. 즉, 사회적 규칙을 아직 자신의 것으로 받아들이지 못했기 때문에 태도가 산만한 것일 수 있다.

둘째, 아이도 잘하고 싶지만 바른 행동을 연습한 적이 없어서 따르지 못하는 경우도 있다. 이런 경우라면 연습하는 과정이 필요하다. 머릿속으로 '자전거 타기'를 아무리 연습하고 이론을 잘 배웠다 해도, 우리 몸이 자전거 타기에 익숙해지려면 실제로 연습하는 과정이 필요하다. 마찬가지로, 어떤 상황에서 지켜야 할 행동 규칙을 이론으로 배우고 받아들이고 난 후에는, 꼭 연습을 거쳐서 몸에 익숙해지도록 돕는 과정이 필요하다.

지금까지는 설명과 충고를 통해 학교생활에 대한 규칙을 알려줬겠지만, 초등 시기의 아이들이 말만 듣고 실천하기란 결코 쉽지 않다. 따라서 역할극 방식을 통한 연습 과정이 필요하다.

역할극은 심리치료 현장에서도 매우 뛰어난 효과를 발휘하는데, 그것을 통해 자신과 주변 사람들과의 관계, 나 아닌 다른 사람의 역할과 관점을 경험하면서 새로운 행동을 습득하고 배울 수 있기 때문이다. 특히 선생님이나 친구 역할을 경험하다 보면, 상대방의 마음을 이해하고, 객관적인 자신의 모습에 대해서도 깨닫게 된다. 또한, 학교생활에 적합하고 바람직한 역할을 반복적으로 연습해봄으로써 새로운 학교생활 루틴도 익힐 수 있게 된다.

처음 역할극을 할 때는 아이가 선생님 역할을 맡고, 부모가 아이 역할을 하는 게 좋다. 부모가 산만한 아이 역할을 맡아서, 선생님 역할을 하는 아이 앞에서 딴짓을 하거나 갑자기 일어나서 돌아다니는 상황 등을 연출해보는 것도 재미있다. 단, 이러한 연출이 아이를 약 올리거나 비난하는 것처럼 느껴지지 않도록 주의를 기울여야 한다.

혹은 실제로 다음 날 수업할 부분에 대한 질문을 만들어서 역할극에서 사용해볼 수도 있다. 수업 내용에 대한 흥미가 생기면 실제 수업에 대한 집중력도 높아진다.

① 선생님, 내일 시간표 뭐예요?

실제 학교 시간표를 선생님(아이)에게 질문한다. 3번 정도 반복 질문한다. 이것을 통해 아이는 다음 날 수업 시간표를 외울 수 있다. 혹시 잘 외우지 못한다면 이렇게 말하자. **"선생님! 시간표 외우기 내기 해요. 진 사람이 이긴 사람 업어주기."** 유치한 장난일수록 아이는 더 좋아한다. 역할극은 무엇보다도 이렇게 즐겁게 진행하는 것이 중요하다.

② 수업 시작 상황

5분마다 6번 정도 알람을 울리게 설정해서 5분 수업, 5분 쉬는 시간 역할극을 해볼 수 있다. 수업 시작종이 울릴 때마다 아이에게 이렇게 질문하자.

"선생님, 시작종 울렸어요. 무슨 과목 시간이에요? 준비물 뭐예요?"

이것을 통해 아이는 수업 시간표에 관심도 없고, 수업 준비에도 잘 참여하지 않았던 자신의 태도에 대해 다시 한 번 생각해보게 된다.

③ 쉬는 시간 후 수업 종이 울리는 상황

쉬는 시간 종이 울리면 곧바로 장난감을 꺼내 놀기만 한다. 수업 시작종이 울려도 돌아다니거나 하던 놀이를 계속 하거나 "선생님 화장실 다녀올게요. 물 마시고 올게요"라고 말해본다. 아이는, 이 상황을 통해 선생님의 입장에 대해서 깊이 공감하게 될 것이다.

④ 역할극 마무리

역할극이 끝나면, "엄마가 너무 말썽꾸러기 학생이라 힘들었지?"와 같은 말로 아이의 마음을 풀어주어야 한다. 이때, "그러니까 너도 학교에서 그러지 말아야 해"와 같은 훈계의 말은 덧붙이지 않는다. 놀이로 끝나야 아이가 느끼고 생각한 것을 고스란히 자신의 것으로 받아들인다. 학교에서의 태도에 대해 말하지 않아도, 이 과정을 통해 아이는 아주 조금씩 행동의 변화를 보일 것이다.

만약 학교생활에 대한 어려움이 많다면, 심리치료하듯 주1회씩 역할극을 진행해보면 좋다. 몇 달 후에는, 아이의 변화에 대한 선생님의 반가운 피드백을 듣게 될 것이다.

스스로 숙제하기 루틴

💡 **상황 예시**

👩 **엄마**   게임 시간 다 됐어. 숙제해야지.

👦 **아이**   아, 조금만 더 하고요.

👩 **엄마**   아까 약속했잖아. 지금부터 숙제한다고 했잖아!

👦 **아이**   아아아~ 아직 안 끝났다고요.

👩 **엄마**   너 진짜 맨날 이럴래!

👦 **아이**   아, 엄마는 맨날 잔소리만 해!

"숙제해야지."

"네~~!"

이런 대화가 자연스럽게 이루어지면 얼마나 좋을까? 대답만 하는 게 아니라 바로 행동으로 옮겨 숙제를 잘 끝내면 얼마나 좋을까? 아이가 초등학생이 되면 숙제는 부모 자녀 간 실랑이의 가장 큰 주제가 된다. 아무리 숙제하라고 수만 번을 외쳐도 아이는 숙제하지 않는다. 오죽하면 스스로 열심히 할 테니 보내 달라고 한 학원에서조차 하루 이틀 숙제를 밀리면서 결국엔 그만 다니고 싶다며 포기하는 경우도 다반사다. 이쯤 되면 아이에게 숙제란, 초등 인생 최대의 과제이자 부담이며 피하고 싶은 존재가 아닐까.

혹시 힘들어도 잘 참고 숙제하는 아이라면, 오히려 좀 더 세심하게 살펴보아야 한다. 아이가 해내고 있다고 해서, 다 괜찮은 것은 아니기 때문이다. 심리적인 스트레스를 참으며, 부모님이 실망하고 화내는 모습이 싫어서 억지로 해낸 것이라면 오래가지 못한다. 고학년이나 중학생이 되어서, 그 억압된 스트레스가 폭발해 문제 행동이 나타나면 부모가 감당하기에도 버겁다. 그러니 스스로 숙제하는 루틴과 습관을 길러주기 위해서는, 아이가 숙제를 하지 못하는 이유를 먼저 살펴봐야 하고, 아이의 정서를 잘 돌보면서 스스로 숙제를 하게끔 이끄는 방법을 부모가 먼저 찾아야 한다.

첫째, 숙제를 멀리하는 원인으로 가장 먼저 생각해볼 만한 것은, 바로 숙제 양이다. 현재, 아이가 해야 할 숙제 양이 아이가 감당하기에 너무 많은 것일 수 있다. 이때, '너무 많다'는 것은 부모의 기준이 아닌 아이 기준에서다. 다른 아이들이 쉽게 한다 해도, 우리 아이에게 적절한 양인지가 중요하다.

둘째, 난이도이다. 영어 단어 외우기가 잘 되지 않는 아이에게 무조건 하루 20~30개 단어를 외우게 하는 게 과연 바람직할까? 아이는 아직 개념 단계인데 친구들이 심화 단계를 한다고 해서, 우리 아이에게도 똑같이 심화 문제를 풀게 하는 게 도움이 될까? 절대 그렇지 않다. 아이가 현재 자신의 수준에서 자신감을 키울 수 있도록, 적절한 난이도의 문제를 통해 성취감을 채워갈 수 있게 돕는 게 중요하다.

셋째, 스스로 숙제 하는 법을 배우지 못해서일 수도 있다. 숙제의 양이 많지 않고, 어렵지 않아도 못하는 경우는 많다. 이런 경우에, 의지가 약하고, 노력이 부족하다는 말로 아이를 폄하해서는 안 된다. 아무리 쉬운 숙제라도, 루틴으로 만들어 습관화

시키지 않았다면 아이가 스스로 숙제를 하기는 어렵다. 그러니 쉬운 숙제부터 계획을 짜서 끝까지 완성해보는 과정을 아이가 반복적으로 경험해보게 해야 한다.

아이도 스스로 숙제를 해내는 멋진 사람이고 싶다. 그 바람과 열망을 현실화 시킬 수 있도록 이제부터 아이의 숙제 루틴을 잘 만들어보자.

💡 집중력 향상 하우투

① 숙제에 대한 심리적인 환경을 새롭게 조성한다.

숙제 양과 난이도를 조절하는 과정은, 숙제에 대한 심리적인 환경을 조절하는 문제이므로, 부모가 선생님과 의논해서 결정해야 한다. 어쩌면 학원을 바꿔야 할 수도 있다. 영어학원 반을 '레벨 업'했는데, 과정이 너무 어려워서 아이가 숙제를 못해가기 시작했다면 다시 '레벨 다운' 할 수 있는 용기도 필요하다. 했던 과정을 다시 하는 게 못마땅하겠지만 사실 다음 단계에서 바로 어려움을 느낀 경우라면, 이전 단계를 충분히 습득한 것이 아닐 확률이 높다. 이렇게 환경을 조절해주어아 스스로 하는 능력이 만들어질 수 있음을 꼭 기억하자. 다음에 나오는 과정들은, 이렇게 숙제의 양과 난이도가 적절히 조절된 상태에서 적용해야 효과를 볼 수 있다.

② 숙제 시간 의논하기

"넌 언제 숙제를 하고 싶니? 언제 해야 제일 쉽게 잘할 수 있을까?"

이렇게 질문을 하고 난 다음, 다양한 의견을 낼 수 있도록 아이를 격려한다.

1. 하교 후 게임하고 나서
2. 학원에서 돌아온 후, 저녁에 유튜브를 보고 나서
3. 잠자기 전에

아이가 낸 의견이 모두 부모 마음에 들지 않을 수도 있다. 그러나 그렇다 해도, 아이의 의견을 평가하고 부모가 바라는 것을 요구하면서 억지 약속을 하게 하지 않도록 주의해야 한다.

"게임하다 보면 숙제하기 싫어지고, 저녁이나 잠자기 전에 하면 졸려서 또 하기 싫어지잖아. 그러니까 학교 갔다 와서 간식 먹고 나서 숙제하고 놀자. 그게 가장 좋아."

이렇게 설득으로 대화가 끝나면, 아이는 마지못해 약속은 하겠지만 제대로 지킬 리 없고, 부모는 약속해놓고 안 지키는 아이에게 또 화가 날 것이다. 숙제 문제를 이렇게 풀면 안 된다. 부작용만 생긴다. 아이가 스스로 시간에 대한 의견을 내고, 자신이 내놓은 방법들에 대해 평가해야 주도성을 키울 수 있다.

① 아이가 스스로 자신의 계획을 예측하고 평가하기

그러니, 부모가 하고 싶은 말을 질문으로 바꿔보자. 이렇게 해야 아이도 문제를 인정하고 대안을 생각하기 시작한다.

"게임 끌 시간이 되면, 항상 네가 조금 더 하게 해달라고 말하잖아. 만약 하교 후에 게임부터 하면, 숙제 시작하는 게 더 어려워질 텐데, 어떡하지?"

"학원 다녀와서 유튜브까지 보고 나면 시간이 많이 늦어질 거야. 그러면 졸리고 피곤해서 숙제하기가 더 싫어질 텐데, 어떡하지?"

"결정하기 힘들면 네가 말한 방법대로 한번 해보자. 그 다음에 결과를 보고 나서 조정하면 가장 좋은 방법을 찾을 수 있을 거야."

② 숙제 순서와 방법 의논하기

시간을 정했으면 어느 장소에서, 어떤 방법으로 할지 아이에게 의견을 물어본다.

"너는 어떤 장소가 가장 좋아? 책상? 식탁? 거실?"

부모는 아이가 자기 책상에서 했으면 하겠지만, 아이가 원하는 장소는 다를 수 있다. 만약, 아이가 식탁을 고르고 자신이 숙제하는 동안 엄마가 맞은편에 앉아 있기를 원한다면, 누군가와 함께 하기를 좋아하는 아이일 수 있다. 그럴 경우, 엄마가 잠깐 앉아 있거나 오고 가면서 아이의 숙제하는 모습에 관심을 보여주면 좋다.

숙제를 하는 순서도, 의외로 숙제 완성도에 큰 영향을 준다. 가장 부담스러운 숙제를 먼저 하는 게 좋은지, 쉬운 숙제를 먼저 하는 게 좋은지는 아이가 선택하도록 한다. 다만, 부모는 그 두 가지 경우에, 아이가 보이는 심리적인 변화와 스트레스 정도, 소요되는 시간, 숙제의 완성도 등을 메타인지를 발휘해 관찰해서, 어떤 방식이 아이에게 더 효과적인지 살펴봐야 한다.

이렇게 아이가 원하는 여러 가지 방식을 시도해보면서 아이에게 가장 잘 맞는 방법을 스스로 찾게끔 도와주면, 청소년기 때의 공부 방식에 대해서는 크게 걱정하지 않아도 된다.

③ 다 한 숙제와 남은 숙제를 표로 만들어 확인하기

책상 앞, 잘 보이는 벽에 다음과 같은 표를 만들어서 붙여 놓는다.

해야 할 숙제(미결)	완성한 숙제(기결)
1. 수학 문제집 2장 2. 영어 단어 10개 외우기 3. 일기 쓰기	

각각의 숙제를 색 포스트잇에 적어서 미결 칸에 붙여두고, 하나씩 완성할 때마다 완성 칸으로 옮긴다. 숙제를 하나씩 완성할 때마다 눈으로 확인할 수 있어서 성취감이 높아지고 실행력 향상에도 큰 도움이 된다.

④ 숙제 완성 후 심리적 보상

다 끝낸 숙제를 가방에 챙겨 넣을 때 아이의 마음은 어떨까. 아마 뭔지 모를 충만함으로 가득 차 있을 것이다. 자신감과 확신, 뿌듯함이 솟아오르고, 스스로에 대한 호감과 존중하는 마음을 갖게 될 것이다. 이럴 때, 진정한 자존감이 만들어지고 공부와 배움에 대한 내적 동기가 형성된다. 그 순간을 어설픈 물질적 보상으로 방해해서는 안 된다. 그보다는 다음과 같은 말로 아이의 내적 동기를 더 강화시키는 게 좋다.

"넌 네가 하기로 마음먹은 건 정말 잘하는구나."

"오늘 숙제 양이 많아서 힘들겠다 싶었는데 거뜬히 잘해내는구나."

"훌륭해. 정말 자랑스러워."

혹시 아이가 숙제를 잘 끝냈다는 이유로 물질적 보상을 요구한다면 거절하는 것이 좋다. 아이에게 이렇게 말해주자.

"숙제를 잘 끝내서 네 마음이 이미 만족스럽잖아. 어떤 선물보다 그게 가장 소중한 거야. 그리고 네가 원하는 건 생일 선물로 줄 거야. 생일 선물은 숙제와 관계없이 받는 거니까."

자신이 스스로 해낸 일에 대한 심리적 만족감에 머무를 수 있어야 진정한 내적 동기가 형성될 수 있음을 기억하자.

책 읽기도
루틴이 중요하다

💡 상황 예시

🧑‍🦰 **엄마**   엄마가 잠자기 전에는 책 읽으라고 했지, 왜 또 스마트폰을
　　　　　찾아!

🧒 **아이**   낮에 엄마 때문에 유튜브 못 봤잖아요.

🧑‍🦰 **엄마**   그냥 책 좀 읽으라고.

🧒 **아이**   딱 한 개만 보고 읽을게요.

🧑‍🦰 **엄마**   아, 쫌!!

💡 우리 아이, 이유가 뭘까?

아이는 어릴 때, 책 읽기를 좋아했다. 그만큼 부모도 자주 읽어주고 그때마다 아이도 집중을 잘했기에 책 읽기 습관이 잘 형성된 줄 알았다. 그런데 웬걸, 초등학교에 들어가자 아이는 책에서 점점 멀어진다. 도대체 무슨 일이 생긴 것일까?

첫째, 독서 시간을 확보해놓지 않았기 때문이다. 초등학생이 되면, 숙제도 많아지고 학원 스케줄도 늘어나면서 그만큼 책 읽을 시간이 사라진다. 선행학습의 압박 앞에서 책 읽기는 사치인 것만 같고, 독서의 막연한 효과에 기대기보다 문제집 한 장 더 푸는 게 중요해진다. 아이도 부모도 알게 모르게 책에서 멀어지는 것이다. 하지만 여전히 전문가들은 공부의 기반을 마련하기 위해서라도 책을 읽어야 한다고 강조한다.

그러니 '시간이 부족해서 책을 읽지 못하는 것'은 아이 탓이 아니라, 결국 부모가 스케줄 관리에 실패했기 때문이라고 보는 게 맞다. 학원 시간, 숙제 시간은 다 정해놓으면서, 정작 아이의 정서와 인지 발달에 가장 핵심 자산이 되는 책 읽기 시간은 따로 확보해놓지 않았기 때문이다.

둘째, 독서의 즐거움을 빼앗았기 때문이다. 아이가 책을 읽는 이유는, 바로 재미있기 때문이다. 어릴 때는 엄마, 아빠가 책을 읽어주는 그 시간 자체를 좋아해서 책을 찾았다면, 초등학생의 책 읽기는 그야말로 재미에 의해 좌우된다. 그런데 책 읽기의 중요성을 강조한다고 아이에게 읽기 과제를 내주고 독후감을 요구하고 독서퀴즈로 경쟁을 붙이고 독서록으로 결과를 평가한다면, 이제 책 읽기는 즐거움이 아니라 그저 과제가 될 뿐이다. 책에서 멀어지는 건 너무도 당연하다.

세 번째, 스마트폰과 미디어에 밀렸기 때문이다. 코로나19 기간 동안 미디어는 한층 더 아이들의 삶 속에 깊숙이 자리 잡았고, 안타깝게도 이제는 삶에서 미디어를 떼어내기란 너무도 어렵다. 미디어 과몰입이 걱정되어 통제를 해보기도 하지만, 아이는 부모의 눈을 피해 틈만 나면 스마트폰을 공략하고 인터넷 수업이나 자료를 확인하다가도 어느새 유튜브에 시선을 뺏긴다.

하지만 이대로 둘 수는 없다. 아이는 책을 읽어야 한다. 재미있어서 읽고, 심심해서 읽고, 자료를 찾기 위해서 읽고, 실패와 좌절로 마음이 힘들 때도 읽어야 한다. 현실의 어려움을 회피하는 수단으로 사용해도 좋다. 읽으며 쉬며 다시 힘을 얻어 현실로 나아갈 수 있기 때문이다. 무엇보다 책 속에서 수많은 사람들의 삶과 새로운 앎과 깨달음, 도전과 용기에 대해 배우면서 자신의 삶에 대한 새롭고 건강한 이야기를 만들어 갈 수 있기 때문이다. 이제 우리 아이가 어떠한 환경이나 상황에서도 살아가면서 늘 책을 가까이하는 사람으로 성장하도록 도와주자. 그러기 위해서는 아이의 일상에 강력한 독서 루틴을 만들어두어야 한다.

🔅 집중력 향상 하우투

① 즐거운 책 읽기 시간 고정하기

하루 중 책 읽기에 가장 적합한 시간은 잘 준비를 할 때다. 편안하게 잘 준비를 마치면, 아이가 좋아하는 책을 읽어주자. 하지만 계속 불을 켜두면 수면에 방해되니, 시간을 정해 책을 읽어주거나 아이가 읽고 나면 불을 끄고 듣는 책으로 바꿔주어야 한다. 그렇게 하면, 아이도 이야기를 들으면서 기분 좋게 꿈나라로 갈 수 있다. 혹은 '아침에 들려주는 책 읽기'로 기상 루틴을 만든다거나 간식 시간에 읽게 할 수도 있다.

고학년이 돼서 아무리 바빠진다 해도 독서 시간은 절대 타협하지 않기를 바란다. 학원에 쫓기고 숙제에 치이는 생활을 하게 되면 아이는 책과 멀어지고, 스트레스 때문에 미디어에 과몰입하게 될 가능성이 커지기 때문이다.

② 좋아하는 책을 깊고 넓게 읽기

독서 편식을 막는다고 자꾸 관심 없는 책을 들이밀지 말자. 좋아하는 주제와 소재의 책을 다양하게 읽기 시작하면 깊이 있는 독서로 발전하게 된다. 그 외의 장르는, 교과와 관련해서 자료를 찾는 목적으로 읽기만 해도 충분하다. 억지로 권장 도서를 들이밀거나 해서 독서 흥미를 깎아먹는 일은 하지 않는 게 좋다.

아이가 좋아하는 한 가지 주제를 이용해, 장르를 확장시키는 방법도 좋다. 예를 들어, 역사에 관심이 있는 아이라면, 과학의 역사, 음악이나 체육의 역사 등 '역사'를 중심으로 아이의 관심사를 확장시킬 수 있다. 혹은 우리나라 역사와 세계 역사를 읽고 동시대 각 나라의 사람들이 얼마나 다르게 살았는지를 비교해 보게 할 수도 있다.

③ 책 읽는 태도 칭찬하기

혹시 아이가 지금 책 읽기와 멀어졌다면, 잠깐이라도 읽는 모습을 보일 때 책 읽는 태도를 칭찬해주는 게 효과적이다. "집중해서 읽어. 자세히 읽어. 바로 앉아서 읽어." 이런 말은 오히려 방해만 된다. 책만 읽으면 잔소리를 들으니 차라리 안 읽게 되는 것이다. 열 가지가 마음에 들지 않아도 한 가지 괜찮은 점을 칭찬해주어야 한다. 읽기 시작한 지 10분 만에 책을 내려 놓는다면 내려놓기 전에 칭찬하자.

"책에 집중 잘하네. 책 읽는 모습이 너무 멋지다."

책에 집중하는 모습을 사진으로 남겨볼 수도 있다. 독서의 달이 되면 '책 읽는 모습 사진 공모전'이 자주 열린다. 아이의 멋진 모습을 보내보는 것도 좋다.

④ 읽은 책의 목록과 기록 남기기

소소한 일도 기록으로 남기면 무척 훌륭한 성과물이 된다. 날짜와 아이가 읽은 책의 제목, 지은이, 출판사를 기록하고, 오늘 읽은 내용에서 가장 기억에 남는 단어나 문장, 그에 대한 감정과 이유, 하고 싶은 말을 간단히 적어보게끔 하는 것이다. 이 방법은 말로 설명하는 것보다 부모가 먼저 시범을 보여주는 게 좋다.

작은 수첩을 마련해 한 페이지를 기록해서 아이에게 보여주자. 아이가 기록의 힘을 경험하도록 도와준다면, 수첩을 볼 때마다 자신이 싫어하는 독후감이 아닌, 자신 만의 자랑스러운 독서 기록이라는 자부심을 갖게 된다. 책 읽기 루틴이 아주 건강한 독서 습관으로 자리 잡기 시작할 것이다.

'슬기로운 미디어 생활' 루틴 만들기

💡 상황 예시

(식당에서)

🧒 **아이** 엄마, 기다리기 심심하니까 스마트폰 줘!

👩 **엄마** (옆 테이블 쪽 애들을 보며) 쟤들 좀 봐. 스마트폰 안 보잖아.

🧒 **아이** 저번에는 엄마가 해도 된다고 했잖아.

👩 **엄마** 쟤들도 안 하고 잘만 있잖아. 너도 그냥 참아.

🧒 **아이** 아! 몰라, 그냥 줘! 안 주면 나 그냥 나가버릴 거야.

이제는 식당에서 스마트폰이나 태블릿을 보지 않는 아이를 찾기란 어렵다. 그런데 같은 상황에서도 전혀 미디어를 요구하지 않고, 그 시간을 지루해하지 않는 아이들도 있다. 미디어를 보는 대신 대화를 하거나 그림을 그리며 노는 아이들, 어떻게 이런 일이 가능할까?

이게 바로 루틴과 습관의 힘이다. 아마 처음부터 아이들에게 규칙을 명확히 제시했고, 그 규칙을 꼭 지키게끔 했을 것이다. 물론 아이의 저항도 있었을 것이다. 계속 스마트폰을 달라고 요구하거나, 숙제를 잘 할 테니 허락해 달라고 조건을 내걸기도 했을 것이다.

루틴으로 자리 잡은 모든 행동에는 그것을 자리 잡게 하는 과정이 있다. 물론 이때, 아이의 심리적 저항 역시 만만치가 않다. 말도 안 되는 억지를 부리기도 하고, 공부를 잘하겠다는 조건을 걸기도 한다. 이에 대해 부모는 설득도 하고 충고도 하지만, 종종 아이의 떼쓰기와 주변 사람들의 시선 때문에 지는 경우도 많다. 하지만 그 저항에 무너지면 루틴을 만들기도 어렵고, 습관으로 자리 잡게 만드는 것은 아예 불가능해진다. 특히 미디어 사용에 관한 루틴은 강력하게 만들어야 한다.

미디어 사용 규칙을 지키기 어려운 이유는 아이에게 있지 않다. 미국 미시건대학의 연구진이, 스마트폰에 자주 노출된 3세~5세 아이들의 심리를 분석한 결과, 감정조절 지능은 망가지고 충동성은 높아졌다는 사실을 알아냈다. 아이들은 스마트폰을 보면서 즐거워하는 듯 보였지만, 실제 뇌의 변화를 찍어본 결과는 전혀 달랐다. 뇌의 변화 양상이, 지루한 감정을 느낄 때와 비슷한 모습을 보였고, 이해력과 사고력을 담당하는 전두엽은 전혀 활성화되지 않았다. 생각하고, 판단하고, 공감하는 능력이 결국 감정을 조절하는 힘의 원천인데, 그 부분이 제대로 작동하지 않고 있었던 것이다. 결국 미디어를 보는 시간이 많아질수록, 아이의 감정 조절 능력은 더 떨어지고 그만큼 미디어에 더 집착하는 경향을 띠게 된다.

그래도 방법은 있다. '스마트폰과 5일 동안 거리두기' 실험을 통해, 아이들의 뇌 활동이 원활해지고, 정서 안정 및 공감능력과 이해력도 높아진 것을 확인했기 때문이다. 즉, 미디어 사용 시간을 조절하면 다시 그 전으로 돌아갈 수 있다는 중요한 사실을 밝혀낸 것이다.

그러니 아이 스스로가 미디어 조절력을 발휘할 수 있을 때까지 강력한 미디어 사용 루틴을 만들어서 그것을 꼭 지키게끔 해야 한다. 아이의 의지와 인내력에 기대지 말고, 환경 설정과 약속, 강력한 실천 과정을 통해 미디어 사용 루틴이 습관으로 자리 잡도록 도와야 한다. 그래야 앞으로도 미디어에 방해받지 않고 아이의 집중력을 잘 지켜나갈 수 있다.

💡 집중력 향상 하우투

① 사용하지 않을 때의 보관 장소 약속하기

미국 럿거스대학 연구팀은 심리학과 학생 118명을 대상으로 수업 중 스마트폰이 미치는 영향을 실험했다. 그 결과, 스마트폰을 사용하지 않은 채 책상 위에 그대로 둔 그룹보다 옆방에 놓아둔 학생들의 성적이 상대적으로 더 높다는 것을 발견했다. 즉, 스마트폰을 가까이에 놔두는 것만으로도 집중력은 흐트러진다. 이 사실을 아이에게 설명해주고, 사용하지 않을 때는 부모 방에 놔두기로 약속을 받아야 한다.

아이가 스스로 조절할 수 있게 한다고 아이의 방이나 거실 등에 스마트폰을 두지 말자. 스마트폰의 유혹은 너무도 강력하다. 그것은 의지의 문제가 아니다. 특히, 잘 때 스마트폰을 옆에 두는 것은 꼭 금지해야 한다.

물론 이렇게 정하고 아이와 약속까지 했다 해도, 어느 순간에는 아이가 이 약속을 어길 수도 있음을 예상해야 한다. 그래야 아이가 약속을 어겼을 때, 폭발하지 않을 수 있다.

② 이미 약속을 잘 지키지 못한다면

스마트폰 잠금 상자를 활용하자. 사용 금지 시간에는 스마트폰을 잠금 상자에 넣어두는 방식이다. 물론 아이와 꼭 협의해야 하고, 이것에 대해 아이가 진심으로 동의해야 한다. 약속을 계속 어기는 아이라면 조절력이 좋아질 때까지 이 방법을 일정 기간 동안 사용할 필요가 있다.

③ 단단한 한계 설정하기

집에 손님이 왔을 때나 외출 시, 아이는 부모가 정신없는 틈을 타 스마트폰을 요구하게 마련이다. 이럴 때 휘말리면 안 된다. 단단한 한계를 설정하고 부모의 권위를 보여주어야 한다.

"처음 약속대로 할 거야. 네가 다른 핑계나 조건을 말해도 들어주지 않을 거야."
"네가 영 못 참겠다면 아직 식사가 끝나지 않았지만, 그만 먹고 일어날 거야. 어떻게 할래?"

사실, 이 과정이 제일 중요하다. 단, 너무 차갑게 말하거나 무섭게 하면 안 된다. 원칙을 세우고, 그것을 단단하게 지키는 과정은 아이에게 제대로 된 가르침을 주는 매우 중요한 시간이다. 이럴 때, 감정을 개입시켜 무섭게, 냉정하게 행동한다면, 아이는 자신의 행동과 무관하게 정서적 상처를 입게 된다. 아이의 손을 잡고 담담하고 무게감 있게 원칙을 말한 다음, 기다려 주는 것이 좋다.

④ 아이의 저항에 대처하기

계속 아이가 징징거리거나 "그래도, 제발…"이라며 투정을 부린다면 그저 고개를 젓고 "쉿!" 하면서 아이의 말을 멈추게 하는 것도 괜찮다. 그런 다음, 이렇게 말해주자.

"너한테 스마트폰을 주면 엄마도 편하고 좋아. 하지만 그건 지금 당장 엄마 편하자고 너한테 독이 든 음식을 먹이는 것과 마찬가지야."

더 이상의 말은 하지 않아도 된다. 아이에게도 마음을 진정시키는 시간이 필요하다. 이렇게 몇 분만 지나면 잠시 후, 아이는 이성을 회복하고 한결 의젓해진다. 이러한 과정이 성공적으로 이루어져야 슬기로운 미디어 생활을 지켜갈 수 있다. 이것에 실패하면 떼쓰기와 억지 같은 나쁜 습관이 자리 잡게 된다. 아이

손에 스마트폰을 처음 쥐어줄 때부터 사용 규칙을 정하고 루틴을 정해서 꼭 실천해야 한다는 것을 잊지 말자.

3장

공부 집중력:
공부의 성패는
집중력에 달려 있다

'지금, 여기'
한 가지 활동에 집중하기

💡 상황 예시

😊 **아이**　(일기를 쓰다 말고) 엄마, 어제 나 축구공 새로 사준다고 했지?

😊 **엄마**　응응. 사준다고 했잖아. 그나저나 빨리 일기 끝내자.

😊 **아이**　엄마, 근데 이번 토요일에는 게임 많이 해도 되지?

😊 **엄마**　아우, 좀! 딴소리 하지 말고 지금 일기 쓰기에 집중하라니까!

💡 우리 아이, 이유가 뭘까?

　아이는 왜 지금 해야 하는 글쓰기에 집중하지 못하고 자꾸 딴

소리를 할까? 지금 아이는 머릿속으로 과거와 미래를 넘나들며 시간여행을 하고 있다. 일기를 쓰다가 갑자기 어제 엄마가 한 말을 떠올리고, 다가올 토요일에 게임을 많이 해도 되는지 묻는 것은 아이의 마음이 '지금, 여기'에 머물지 못하고 과거와 미래를 오가고 있다는 뜻이다.

그럴 때, 부모는 집중하지 못하는 아이를 도와주기 위해 종종 이렇게 말하곤 한다.

"일기 쓰는 데 집중해. 빨리 못하면 너 나중에 게임 못해."

안타깝게도 이 말은 아이의 마음을 현재의 과제에 머물게 하는 게 아니라, '나중에 게임 못하면 어떡하지'라는 미래의 걱정으로 옮겨 가게 만든다. 동시에 엄마가 게임 못하게 했던 예전 경우를 떠올리며 억울함과 걱정에 휩싸이게 만든다. 이렇게 되면, 아이는 손에 연필만 쥔 채 진도는 하나도 나가지 못하면서, 자신의 집중력이 흐트러져서 그렇다는 사실도 깨닫지 못한 채 과제가 힘들다는 핑계만 대게 된다.

아이에게는 '지금, 여기'에 집중하는 능력이 필요하다. 지금 나의 마음이 어느 곳을 향하고 있는지 알아차리고, 머릿속 시간 여행을 멈추고, 내가 해야 할 일에 집중하도록 아이를 도와주자.

우선, '지금, 여기'에 잘 집중하기 위해서는 자신의 감정과 생각이 어디로 향하고 있는지 인지하는 능력을 먼저 키워야 하고, 지금 집중해야 할 대상에 집중하는 연습이 필요하다.

① 지금 현재, 내 마음의 위치를 알아차리기

과거　현재　미래

위의 원 그래프는 과거와 미래에 뺏긴 집중력을 지금 현재로 다시 되돌리게 하는 '마음 집중표'이다. 아이의 집중력이 흐트러지면 이 표를 보여주며 이렇게 말해보자.

"방금 일기 쓰다가 축구공 생각했지? 그때 네 마음은 어디에 있었어? 표에서 손가락으로 짚어 볼래? 토요일에 게임 많이 하고 싶다고 생각했을 때는, 네 마음이 어디에 있었어?"

"일단 토요일 게임 시간은, 규칙대로 할 거야. 이제 숙제에 집중하자. 마음이 준비되면 표에서 '현재'를 꾹 눌러줘."

엄마의 질문에 자기 마음을 들여다보고 표에 손가락을 짚어보는 것만으로도, 과거와 미래를 오가던 마음이 지금 여기로 돌아온다.

② 함께 심호흡하며 집중력 회복하기

아이가 할 일에 집중을 못한다면 잠시 아이를 일어서게 해서 함께 심호흡을 해보자. 엄마가 먼저 동작을 보이면서 아이가 따라하도록 한다. 두 팔을 양쪽으로 쭉 뻗고 하나, 둘, 셋, 넷을 천천히 세면서 숨을 들이쉰다. 숨이 내 몸 안으로 들어오는 것을 상상하며 집중해본다. 숨을 들이쉰 채로 3초 정도 멈추었다 두 팔을 앞으로 모으며 다시 천천히 내뿜는다. 이때도 숫자를 세는 것이 좋다. 아이가 동작을 따라 하는 동안 엄마가 숫자를 세어주면 좋다.

아이가 자신의 들숨과 날숨에 집중하면서 심호흡을 하면, 혈액순환과 피로 및 스트레스 해소에도 도움이 되면서, 집중력을 회복하는 데 무척 효과적이다. 이렇게 3번 정도만 해도 집중력이 훨씬 높아진다. 천천히 걸으면서 해도 좋고, 누워서 해도 좋다.

③ 긍정적 셀프 토크로 지금 할 일에 집중하기

아이의 언어 습관이 집중력을 좌우한다. 아이가 "난 집중을 못해. 집중력이 부족해. 산만해"라는 말을 자주 쓴다면 안타깝게도 아이의 뇌는 그 사실을 진실로 받아들이게 된다. 그래서 과제가 주어졌을 때 집중하지 못하는 습관이 자연스럽게 몸에 배게 된다. 따라서 아이가 자신의 집중력에 대해 긍정적인 말을 할 수 있도록 도와주어야 한다.

집중력에 대한 부정적인 인식은 자주 들은 잔소리에서 시작되는 경우가 대부분이다. 아이가 긍정적인 셀프 토크를 할 수 있도록 부모가 먼저 긍정적인 말을 자주 들려주고, 아이가 입 밖으로 자주 말할 수 있도록 도와주어야 한다. 다음과 같은 말을 아이에게 자주 들려주면 아이도 스스로 집중력을 회복하는 긍정적 셀프 토크를 시작하게 된다.

"넌 집중을 잘해."

"산만해져도 잠시 쉬고 나면 다시 집중력을 잘 회복하지."

"스스로에게 '다시 집중해야지'라고 말하는 것도 좋아. 도움이 될 거야."

책상 집중력 키우기

💡 **상황 예시**

🧑‍🦰 **엄마**　숙제하다 말고 왜 또 일어나니? 제대로 좀 앉아서 집중하라고!

🧒 **아이**　못 앉아 있겠어요. 집중이 잘 안 돼요.

🧑‍🦰 **엄마**　엉덩이 힘을 길러야지. 그냥 앉아 있어. 돌아다니지 말라고!

🧒 **아이**　엄마는 공부도 안 하면서 왜 나한테만 그래!

💡 **우리 아이, 이유가 뭘까?**

"아이가 엉덩이 힘이 너무 부족해요. 책상에만 앉으면 온몸을 뒤틀고 금세 일어나요."

아이는 왜 책상에 진득하니 앉아서 집중하기 어려울까?

책상 집중력을 키우기 위해 보통은 집중력을 높여주는 책상과 의자를 준비한다. 바람직하다. 성장기 아이의 신체 발달에 좋은 영향을 주는 책상과 의자는 필요하다. 그런데 거기서 그다음 단계로 잘 이어지지 않는 게 문제다. 집중력을 높여주는 책상과 의자를 마련했다고 해서 바로 아이가 책상에 앉아 집중할 수 있는 것은 아니다. 적절한 환경을 제공했다고 해서 저절로 엉덩이 힘이 키워지지는 않는다. 아이가 해내야 할 과제들은 대부분, 정신 에너지를 집중시켜서 해야 하는 일이고, 그것은 루틴과 습관을 통해 익힐 수 있다.

우리 아이가 책상 집중력을 키우지 못한 가장 큰 원인은 아직 배우지 못했기 때문이다. 책상 집중력이 부족하다는 표현은 적절치 않다. 배운 적 없는 능력에 대해 처음부터 부족하다는 시각으로 접근하면 안 된다. 그저 앉아 있으라고 강요했을 뿐 구체적으로 무엇을 어떻게 해야 하는지 가르쳐 준 적이 없다. 제대로 가르쳐주지도 않고 못한다고 걱정하는 건 말이 안 된다. 걱정하는 대신, 길러주는 방법을 알고 시도해보는 게 중요하다.

또 다른 이유가 있다면, 책상 집중력을 위한 준비가 되지 않았기 때문이다.

① 책상은 집중해서 과제를 완성하는 곳이라는 개념이 먼저 형성되어 있어야 한다.
② 하루의 할 일에 대한 적절한 계획이 있어야 한다.
③ 책상에서 집중해본 성취 경험이 있어야 한다.
④ 집중이 흐트러질 때 사용할 수 있는 전략이 있어야 한다.

책상에서 숙제와 공부를 해야 한다는 걸 모르는 아이는 없다. 하지만, 정작 책상 앞에 앉아 무엇부터 해야 할지 계획이 없거나, 책상에서 숙제를 마무리해본 성취 경험이 없거나, 집중력이 흐트러질 때 사용해볼 만한 전략이 없으면 책상 집중력은 시시각각 사라져버린다. 그리고 그 빈자리에 동생이 시끄럽게 해서, 엄마가 옆에 없어서 그랬다는 등의 핑계가 들어서기 시작한다.

책상 앞에 앉아 버텨봤지만, 할 일을 제대로 못해 자괴감에 빠진 경험은 누구나 가지고 있다. 우리 아이가 그런 전철을 밟지 않기 위해서는 책상에 대한 심리적 개념 만들기부터 책상에서 과제를 계획하고 집중해 완성하는 성공 경험까지 모두 다 필요하다. 그래야 아이의 책상 집중력이 발전할 수 있게 된다.

💡 집중력 향상 하우투

① 집중력이 필요한 활동은 책상에서

'책상=집중하는 곳'이라는 개념을 만드는 게 중요하다. 다만, 숙제와 공부를 꼭 책상에서 하라고 강조하지 않는 이유는, 아이가 힘들어하는 활동만 책상에서 하게 되면 '책상은 지겨운 곳'이라는 느낌을 가질 수 있기 때문이다. 이것은 장기적으로 아이의 책상 집중력을 키우는 데 방해가 된다.

그러니 좋아하는 활동 중 집중력이 필요한 활동도 책상에서 하는 것으로 정해보자. 그렇게 하면, '책상 앞에 앉을 때 집중이 잘된다'는 인식과 개념이 만들어진다. 그림 그리기, 색칠하기, 종이접기, 편지 쓰기, 보고서 쓰기 등을 통해 장소의 이미지를 일단 긍정적으로 아이 마음속에 각인시켜보자.

② 책상에서 완수해야 할 활동을 계획하기

오늘 아이가 책상에서 꼭 해야 할 활동과 과제, 놀이를 아이가 주도적으로 계획하게 한다. 그리고 무엇을 선택하든 끝까지 완성하는 것을 목표로 한다. 물론 한 번에 완성하지 않아도 좋다. 두세 번에 나누어 꾸준히 실행하면서 완성하는 것도 기분 좋은 뿌듯함을 선사한다. 천천히, 쉬면서도 결국엔 완성했다는 게 중요하다. 그것이 아이에게 중요한 성취 경험으로 남는다. 이제 다음 대화를 통해 아이와 함께 책상에서 집중할 활동을 정해보자.

"책상에서 하면 좋은 활동은 뭘까?"
"중간에 집중력이 흐트러졌을 때는 쉬었다 하는 게 좋아."
"쉴 때 미디어는 금지! '하기 싫어'라는 마음을 불러오니까."

③ 책상에서 성취 경험 쌓기

아이의 집중력 향상을 위해 꼭 필요한 부스터는 바로 성공 경험이다. 아이가 시도하는 모든 활동에서 성공 경험을 갖는 것은 어렵다. 그런데 이때, 부모가 아이의 실수와 실패에 초점을 맞추면 성공 경험이 있어도 내면에 자리 잡지 못한다. 열 가지 활동 중 한두 가지만 성공했어도 그걸 강조하고 확장시켜서 아이가 '스스로 끝까지 잘해내는 사람'이라는 긍정적인 자아감을 갖게끔 도와주어야 한다.

게다가 실수와 실패의 경험이 있어야 성공 경험이 더 가치 있게 느껴진다. 그러니 아이가 열 개 중 단 한 개만 끝까지 완성했어도 이렇게 말해주는 게 중요하다.

"넌, 마음먹으면 끝까지 잘해내는구나."

"잘 안 될 때에도 열심히 생각하지."

"힘들 때 쉬면서 하는 것도 정말 좋은 방법이야."

"실패했을 때도 그 이유를 잘 생각하는구나. 그러니까 점점 더 실력이 좋아지네."

④ 책상에서 집중하는 모습을 사진으로 남기기

아이는, 집중하는 자신의 모습이 얼마나 아름다운지 모른다. 바로 그 모습을 사진으로 찍어 아이에게 보여주자. 독서하는 모습, 숙제하는 모습, 만들기에 몰입하는 모습 등, 모두 다 괜찮다. 이때, 사진을 찍을 테니 얼굴이 보이도록 고개를 들라고 하면 안 된다. 자기 일에 집중하고 있는 모습을 찍는 게 중요하다. 그래야 아이도 자신의 모습을 객관적으로 보게 되고, 스스로 그러한 모습을 더 많이 실천하게 된다.

학교, 학원, 집… 아이가 책상 앞에 앉아 보내는 시간은 저학년이라도 8시간 가까이 된다. 커가면서 그 시간은 더 길어질 것이다. 그러니 책상에서 자신이 계획한 걸 끝까지 완성해내는 경험을 지금부터 쌓아주는 게 중요하다. 이것이 결국 우리 아이의 엉덩이 힘, 즉 책상 집중력을 쑥쑥 키워줄 것이다.

숙제 집중력 키우기

😊 **아이**   엄마 등이 자꾸 가려워. 여기 다리도. 아! 온몸이 가려워서 숙
제 못하겠어.

😊 **엄마**   뭐? 어디 봐. 아무렇지도 않은데?

😊 **아이**   아, 자세히 좀 봐봐.

😊 **엄마**   보드게임 할 땐 가렵다는 말 안 했잖아. 너, 숙제하기 싫어서
온몸이 근질거리는 거야?

😊 **아이**   아니라고, 진짜 가렵단 말이야.

하기 싫은 숙제 앞에서 온몸이 가렵고 찌뿌둥하기는 누구나 마찬가지다. 억지로 참고 해야 한다는 개념으로 접근하니 더더욱 하기 싫어진다. 이러다가는 학년이 올라갈수록 오히려 숙제를 베끼거나 거짓말할 확률이 높아진다. 그러니 숙제에 집중하지 못하는 원인부터 알아내서 도와줘야 한다. 숙제는 왜 하기 어렵고 힘든 것일까?

첫째, 숙제는 꼭 해야 하는 것이라는 개념이 부족하기 때문이다. "숙제를 왜 해야 되는데?"라고 묻는 경우다. 몸이 잘 자라기 위해 밥 먹고, 씻고, 운동하고, 뛰노는 것처럼, 마음과 정신을 키우기 위해 숙제는 꼭 하는 것이라고 설명해주자. '지식 주머니, 생각 주머니'가 크기 위해 꼭 해야 하는 것이라고 처음부터 설명해주어야 한다.

세상의 모든 어른들도 그런 과정을 거치며 자랐다는 것을 알려주자. "넌 어떤 모습으로 자라고 싶니?" 이런 대화를 나누는 것도 도움이 된다. 이런 과정을 통해 숙제에 대한 개념이 생기고, 숙제를 하는 루틴이 자리 잡아 습관이 되면 더 이상 의문을 갖지 않게 될 것이다.

둘째, 학교 숙제의 양이 부담스러운 경우는 거의 없다. 아이들이 부담스러워 하는 숙제는, 대부분 학원 숙제다. 선행학습이라는 어려움, 그리고 감당하기 너무 많은 숙제의 양이 문제가 된다. 숙제의 양과 난이도가 문제라면 차라리 학원을 끊자. 초등 시기부터 숙제로 아이를 질리게 만들면 공부 자존감을 회복하기 어렵다는 사실을 기억하자.

셋째, 잦은 잔소리와 지적 때문일 수 있다. 숙제하는 아이의 태도, 완성도, 걸리는 시간 등에 대해 공감적이고 따뜻하게 반응해야 한다. 잔소리와 훈계, 혼내기를 반복한다면 아이의 숙제 집중력은 키우기 어렵다.

넷째, 숙제를 방해하는 물리적 환경과 미디어의 유혹이 있는 경우다. 환경 자극에 아이가 흔들리는 건 아이 탓이 아니다. 환경을 이겨내는 힘을 키워야 한다고 아이를 다그치지 말자. 다양한 유혹에 맞서는 힘은 결국 성공 경험에서 나온다. 하루에 쓸 수 있는 정신 에너지를 미디어의 유혹을 참고 인내하는 데 다 써버렸다면 정작 집중해야 할 일에 쓸 수 있는 에너지는 남아 있지 않게 된다. 그러니 환경을 조절해주는 것은 부모의 몫이다.

다섯째, 숙제의 순서와 과정이 아이에게 맞지 않기 때문이다. 오래 집중해서 한번에 끝내기를 힘들어 한다면 5분, 10분 단위로 쪼개서 중간 목표를 만들어주거나 쉬운 과제부터 해결할 수 있도록 조절해주어야 한다. 그렇게 성공 경험을 쌓게 되면 아이의 집중 시간이 좀 더 길어질 수 있다. 또한 숙제를 쉽게 할 수 있는 방법을 아이와 함께 의논하는 것도 바람직하다. 자신의 숙제에 대해 진지하게 생각할 기회를 얻을 수 있고, 방법을 생각해내면서 점점 더 숙제에 대한 진심을 키워갈 수 있기 때문이다. 이제는 좀 더 구체적으로 숙제 집중력을 키우는 과정을 알아보자.

💡 집중력 향상 하우투

① 아이 스스로 숙제 계획 짜기

숙제 계획을 스스로 세우고 그 결과를 예측하는 방식은 숙제 집중력을 높이는 데 매우 유용하다. 단, 아이가 주도적으로 짠 계획은 부모가 바꾸지 않는 게 좋다. 아이가 자신의 계획대로 실천해보고 일주일 후 다시 평가하고 계획을 수정하는 것이 가장 바람직하다. 특히 초등 시기에 이렇게 자신에게 맞는 공부 방식을 찾아내고 시간 조절력을 키우는 것은, 집중력뿐 아니라 시간을 계획하고 조직화하는 능력, 실행력을 크게 높여준다.

② 계획의 장점 칭찬하기

다음은 초등학교 4학년 아이가 스스로 짠 하교 후 생활 계획이다.

3:00~4:00	간식, 자유 놀이나 독서
4:00~4:40	수학 숙제
5:00~7:00	수학 학원
7:00~8:30	학원 다녀온 후 식사와 자유시간
8:30~10:00	국어, 과학 학습지, 영어학원 숙제
10:00~11:00	자유 독서

아이의 계획이 적당하다고 생각되는가? 시간을 분배한 정도
는 어떤가? 혹시 숙제를 먼저 하고 잠자기 전에만 독서를 하는
게 좋겠다는 생각이 드는가? 수학 숙제는 학원 가기 전이 아니
라 전날 미리 하면 좋겠는가? 숙제 시간은 적당한가?

위의 계획대로라면 하루에 2시간 10분 동안 숙제를 하는 셈
이다. 부모가 어떻게 생각하든 아이는 자신이 할 수 있는 최선을
생각해 계획을 짰을 것이다. 평범한 아이라도 학교, 학원, 숙제
등으로 최소한 하루에 7~10시간을 공부에 집중하고 있다는 점
을 잊지 말아야 한다.

그러니 현재 아이의 계획이 어떻게 느껴지든 일단은 칭찬을
건네고, 일정 기간 실천해본 후 대화를 통해서 재평가하는 게 중
요하다. 계속 강조하지만, 아이가 직접 실천해본 후 자신이 세운
계획의 장점과 단점을 스스로 깨닫고 수정해가는 과정이 필요
하다. 그래야 자신에게 맞는 방법을 찾을 수 있다.

"너에게 잘 맞는 계획을 세웠구나. 멋지다. 그런데 어떤 계획이든 그대로 실천하기 어려울 수 있어. 혹은 몰랐던 문제가 발생할 수도 있고. 그러니 일단 실천해보고 1,2주 뒤에 다시 평가해서 네가 수정하는 게 어때?"

③ 구체적인 방안 질문하기

예상되는 문제점에 대해 미리 아이와 의논한다.

"궁금한 점이 있어. 저녁에 1시간 30분 동안 숙제하다가 집중이 잘 안 될 때는 어떻게 하면 좋을까? 과목 순서는 어떻게 하고 싶어? 모르는 문제가 있을 때는? 엄마가 도와줄 일은 없어?"

이와 같은 질문이면 충분하다. 별생각이 없었다 해도 부모가 질문하는 순간 아이는 생각하기 시작한다. 그리고 자신에게 잘 맞는 방법을 찾아가게 되고 그것이 곧바로 아이의 숙제 집중력을 키워준다.

책 읽기 집중력 키우기

💡 **상황 예시**

🙎 **엄마A** 우리 애는 책 좀 읽으라고 하면 만화책만 보고, 다른 건 뒤적이기만 해요.

🙎 **엄마B** 애가 책과 담을 쌓았어요. 게임 그만하고 책 좀 봤으면 좋겠어요.

🙎 **엄마C** 어렸을 때 책육아 한다고 엄청 신경 많이 썼는데 도대체 왜이럴까요?

106

아이가 책을 좋아하지 않고 읽어도 집중하지 못하는 이유는
명확하다.

첫째, 책에 대한 친밀감이 부족한 경우다.

아이들은 유아기부터 그림책을 접하면서 책에 대한 인식을
만들어간다. 노는 것, 즐거운 것, 엄마 아빠와 함께 하는 따뜻하
고 포근한 시간 등으로 받아들인다. 그러다 혼자 그림을 보며 책
이야기를 상상하고, 글자를 알게 되면 아는 기쁨으로 책 세상 속
으로 빠져든다. 책을 진짜 좋아하게 되는 것이다.

그런데 유아기에 책과 친해지는 경험이 부족한 아이들은 책
을 재미없고 부담스럽고 숙제처럼 어려운 것이라고 생각한다.
그래서 책에 집중하지 못한다. 이런 경우라면 '책=재미있고 편
안한 친구'라는 인식을 심어주는 과정이 먼저 필요하다.

둘째, 책 잔소리를 많이 들은 경우다.

책의 종류, 읽는 시간, 읽는 태도, 독후감 등 아이의 책 관련 생
활에 대해 부모가 끊임없이 잔소리를 하는 경우, 책을 멀리할 수
있다. 혹은 유아기에는 아이가 책을 좋아하도록 잘 읽어주고 칭

찬하며 책 읽기 습관을 키웠지만, 초등학생이 되면서 점점 책에 대한 잔소리가 늘어나는 경우에도 그렇다.

아이가 책을 많이 읽는 것 같으면, 부모의 기대도 커져서 그만큼 아이가 말도 잘하고 글쓰기도 잘하기를 바란다. 더 나아가 성적도 좋을 거라고 기대하기 때문에 오히려 자꾸 책에 대한 잔소리가 많아진다. 그러다 보면 반대로 아이는 책 읽기에서 점점 더 멀어지게 된다.

셋째, 책 내용에 대해 시험을 보는 경우다.

내용을 물어보는 질문이나 독서퀴즈가 여기에 해당된다. 책이 재미있었다면 아이도 읽은 내용을 자꾸 말하고 싶어진다. 자신이 아는 것을 말하는 게 기분 좋기 때문이다. 하지만 반대로 누군가가 자꾸 물어본다면 점점 입을 닫을 뿐만 아니라 책에서도 점점 멀어진다.

넷째, 원치 않는 책을 강요한 경우다.

좋아하는 책에 푹 빠져 만끽하는 즐거움은 너무나도 소중한 경험이다. 관심 주제의 다양한 책을 보며 새롭게 알게 되는 기쁨과 즐거움은 학습 동기 향상에도 큰 도움을 준다. 이를 모르고 필독서, 권장도서, 다양한 장르를 강요하며 읽으라고 부담을 준다면 오히려 손에서 책을 놓게 된다.

아이가 커갈수록 좋아하는 것도, 관심 있는 것도 없게 되는 이유 중의 하나는 아이가 가진 호기심의 싹을 모르고 밟아버렸거나 제대로 키워주지 못했기 때문이다. 자신이 관심 있는 것에 대해 더 깊이, 더 많이 알게 되면 아이의 가슴은 그야말로 미래에 대한 꿈과 기대와 희망으로 부풀 수밖에 없다.

아이가 재미있어 하는 책, 관심 있어 하는 주제의 책, 많이 읽어서 자신감이 붙은 책이 결국 책에 대한 흥미를 불러일으킨다. 결국 집중력의 3원칙이 독서 집중력에도 그대로 적용되는 것이다.

💡 집중력 향상 하우투

① 책 분량과 시간을 미리 정하고 읽자.

책을 좋아하거나 싫어하는 아이 모두에게 필요한 과정이다. 아무리 책 읽기가 중요해도 밤 늦게까지 책을 읽는 건 바람직하지 않다. 그러니 미리 읽을 책과 분량, 시간을 정해두자. 이렇게 하면, 책을 읽을 때 다른 생각이 떠올라도 '일단 책부터 읽자.' 하고 집중력을 유지할 수 있다. 기억에 남는 내용을 그때그때 메모해두는 습관도 좋다. 아이의 독서 집중력이 크게 향상될 수 있다.

② 배경지식 키우기

배경지식을 키우기 위한 독서로는, 학습만화 형식의 책도 매우 유용하다. 관심 있는 아이는 더 쉽게 집중하기 시작할 것이고 그 주제에 관심이 없었던 아이라도 만화를 즐기다 보면 점점 친밀감이 높아지며 배경지식을 쌓을 수 있게 된다. 물론 어느 정도 시간이 지나면 학습만화 읽기에서 글줄책으로 넘어가는 과정이 있어야 한다.

배경지식은 읽기 집중력과 공부에 큰 영향을 미치는 요인이기도 하다. 수업 집중력에도 좋은 영향을 미친다. 역사만화를 즐겨 읽던 아이라면, 관련 수업 시간에는 졸지 않는다. 자신이 아는 게 하나라도 나오면 반갑고 아는 척하고 싶으니 말이다. 배경지식을 위한 독서도 장기적으로 아이의 집중력에 큰 도움이 된다는 사실을 기억하자.

③ 경험한 것에 대한 책 읽기

아이가 농장체험을 다녀왔다면? 박물관에 다녀왔다면? 과학체험관에 다녀왔다면? 사진 찍고 일기만 쓰고 끝내는 것은 너무 아깝다. 이런 경험들을 책으로 연결시켜 주자. 아이가 인상 깊게 본 것, 흥미를 보이는 주제를 발견했다 싶을 때는 바로 관련 책을 구입하거나 도서관에서 빌려 책으로 한층 더 몰입하도록 도와주자. 금융박물관에 다녀왔다면, 돈의 역사에 대한 책을 아이에게 보여줄 수도 있다. 그렇게 해서 흥미가 더 깊어지면 경제 쪽으로도 관심사를 확장해볼 수 있다.

④ 책에 따라 읽기 방법을 다르게 가르치자.

모든 책을 정독해야 한다는 고정관념을 내려놓는 게 중요하다. 문학 책은 줄거리의 흐름이 있어 처음부터 보는 것이 맞다. 하지만 지식·정보 관련 책을 읽을 때는 정독이 힘들다. 책을 처음부터 끝까지 순서대로 보라고 지시하는 것은 별 의미가 없다. 오히려 훑어보기도 괜찮다고 말해줄 수 있어야 부담감이 줄어든다. 그림, 사진, 글이 함께 있는 백과사전을 보는 것이라 생각한다면 받아들이기 쉽다. 예를 들어, 아이가 고래에 대한 지식 책을 보고 있다면, 뒤적여가며 쓱 훑어보다가 흥미로운 지점에서 멈추어 집중해서 읽는 것만으로도 충분하다.

⑤ 독자의 권리를 인정해주면 독서 집중력이 저절로 높아진다.

프랑스 소설가 다니엘 페낙(Daniel Pennac)이 말한, 독자의 권리를 아이도 누릴 수 있게 하자.

① 책을 안 읽을 권리

② 중간중간 건너뛰며 읽을 권리

③ 끝까지 읽지 않을 권리

④ 끝까지 읽을 권리

⑤ 아무거나 읽을 권리

⑥ 주인공과 동일시 할 권리

⑦ 아무 곳에서나 읽을 권리

⑧ 마음에 드는 내용만 골라서 읽을 권리

⑨ 큰 소리로 읽을 권리

⑩ 책에 대해 아무 말도 하지 않을 권리

이 권리 중 상당 부분을 누리는 사람은 아마도 평생 책을 가까이 하면서 살아가게 될 것이다.

집중력이 떨어질 때는 이렇게!

🧑 **엄마**   숙제하기 힘들어?

🧒 **아이**   엄마, 집중이 잘 안 돼요. 나도 잘하고 싶은데….

🧑 **엄마**   그러게. 너도 잘하고 싶은데 집중이 안 돼서 속상하지.

🧒 **아이**   어떻게 하면 집중을 잘할 수 있어요?

💡 **우리 아이, 이유가 뭘까?**

집중 못하는 아이도 마음속으로는 집중 잘하는 방법을 알고 싶어 한다. 시간이 갈수록 아이의 집중력이 떨어진다고 느낄 때, 잘하던 아이가 왠지 집중하지 못할 때 그저 아이를 다그치거나 혼내면 나아질 거라 기대하는 건 말이 되지 않는다. 집중은 마음이 안정되어 있을 때 잘되는 법인데, 그렇잖아도 집중력이 떨어져 괴로운 아이에게 혼을 낸다면 오히려 정서가 더 불안정해져서 그나마 남아 있던 집중력마저 도망가 버린다.

아이의 바람대로 집중 잘하는 법을 찾기 위해서는 무엇보다도 아이와 같은 편이 되어서 원인을 알아보고 이 문제를 어떻게 해결해가야 할지 함께 방법을 찾아가는 게 중요하다. 단, 이 지점에서 부모는 임의로 원인을 해석하고 규정짓기보다는 다음 두 가지 과정을 실천하는 게 중요하다.

첫째, 아이와 대화를 통해 원인을 알아본다.

"20분 동안은 잘 집중했어. 그렇지? 그런데 갑자기 집중력이 어디로 도망가 버린 것 같아. 너는 원인이 뭐라고 생각해? 엄마가 보기를 줄게."

①문제가 어려워서 ②20분간 십승하다 보니 정신 배터리를 다 써서 ③몸이 찌뿌둥해서 ④졸음이 와서 ⑤놀고 싶어서

이 중에 이유가 없을 수도 있고, 잘 모르겠다고 말할 수도 있지만, 괜찮다. 이런 대화는 아이 스스로 자신을 객관적으로 돌아보고 원인을 찾아가도록 만들어준다. 대부분의 아이들은 이 다섯 가지 모두를 원인으로 꼽을 것이다. 중요한 건 집중력이 이미 떨어졌는데, 억지로 책상 앞에 앉아 숙제를 끝내라고 요구하는 건 바람직하지 않다는 사실이다. 그럴 때는, 이렇게 말해주자.

"어쨌든 집중력이 떨어졌으면, 쉬는 게 좋아."

둘째, 부모의 메타인지와 통찰력이 필요하다. 다음 질문들을 사용해 우리 아이를 관찰해보자.

① 아이가 보통 숙제나 책읽기를 시작하면 몇 분 동안 집중하는가?
② 집중력이 떨어질 때 아이는 자신도 모르게 어떤 신호를 보이는가?
③ 집중력이 도망가고 난 다음에는 어떤 행동을 하는가?
④ 부모가 따로 개입하지 않아도 스스로 다시 집중력을 회복해서 과제를 시작할 수 있는가?

이러한 질문을 하는 이유는, 아이가 지닌 집중력의 특성을 파악해서 그에 대한 적절한 대처방법을 찾기 위해서다.

아이의 집중력이 떨어질 때는 아래와 같은 3단계의 전략을 사용해보는 게 좋다.

1단계: 방해 원인을 찾아라.

집중을 못하게 된 것은 아이 때문이 아니다. 집중력이 외부의 공격을 받고 있음을 아이에게 말해주자.

"왜 또 딴짓하고 있니? 빨리 집중해서 해!"(×)

"넌 집중력이 좋은데, 지금 뭔가가 너의 집중력을 방해하고 있구나."(○)

"방해 전파가 네 두뇌를 가로막고 있어. 해결해볼까?"(○)

이렇게 말을 건네야 아이는 자신의 집중력에 문제가 있는 게 아니라, 원래는 집중력이 좋은데 지금은 방해 요소가 생겨 집중력을 발휘하지 못한다고 받아들일 수 있다. 그리고 그렇게 생각해야 그 방해물을 제거하는 데 초점을 맞출 수 있다. 또한 스스로 '난 원래 집중력이 좋아'라는 긍정적인 자아상을 키울 수 있고, 바로 이러한 자기 유능감이 더 의욕을 불러일으켜 실제로도 집중력을 높일 수 있다.

2단계: 집중 버튼 누르기 기법

집중 버튼과 산만 버튼을 상징적으로 정해두자. 아이의 얼굴에서 이마 한가운데는 집중 버튼, 귀 옆은 산만 버튼으로 정하자. 집중 버튼은 눌러야 작동되고, 산만 버튼은 누르지 않아도 자기 멋대로 작동이 된다고 아이에게 설명하자. 숙제에 집중하던 아이가 5분 만에 산만해지는 것은, 누르지도 않았는데 산만 버튼이 작동을 해서 그렇다고 알려주고, 아이가 산만해지면 이렇게 말해보자.

"잠깐, 멈춰봐. 산만 버튼이 오작동했네. 다시 집중 버튼을 누르면 제대로 작동할거야. 단, 준비 잘하고 시작하자. 잠깐 쉬고, 물도 마시고 나서."

산만 버튼은 주인 말을 듣지 않고 자기 멋대로 작동하는 방해꾼이므로, 오로지 집중 버튼만으로 산만 버튼을 통제할 수 있다고 말해주자. 또한, 집중 버튼의 성능은 자주 쓸수록 더 강력해지는 비밀이 숨어 있다는 사실도 알려주자.

이 버튼 기법을 통해, 아이는 내 행동의 주인은 나라는 것을 깨닫게 된다. 즉, 스스로 집중 버튼을 누를지 말지를 고민하고 선택하게 된다.

3단계: 실전 단계

이제 위의 단계들을 아이가 숙제할 때 직접 적용해보자.

"네 이마에 투명 집중 버튼이 있어. 원래 태어날 때부터 자동으로 작동하게 설정되어 있어. 그런데 방해꾼들이 생겼어. 장난감들, 다른 소리, 자꾸만 생각나는 스마트폰이 그거야. 그러니까 숙제를 시작한 후 방해꾼들이 나타나면 집중 버튼을 눌러봐. 그러면 신기하게 집중이 잘 될 거야."

아이가 저학년이라면, 흥미를 보이면서 집중 버튼을 눌러달라고 요청할 수도 있다. 고학년이라면 유치하다고, 말도 안 된다고 대꾸할 수도 있다. 하지만, 이러한 대화를 나누고 나면 아이의 마음 깊은 곳에서 무의식적으로 강력한 심리기법이 작동하기 시작한다. 자신도 모르는 새 이마의 집중 버튼 이미지를 갖게되고, 누를지 말지 고민하게 되는 것이다. 집중력은 자신이 자각하고 선택하는 게 중요하다. 아이는 이 기법으로 도둑맞은 집중력을 되찾기 시작할 것이다.

4장

관계 집중력:
사회성에도 영향을 미치는
집중력

집중력 부족으로
새로운 놀이를 거부할 때

(친구 두 명이 하준이 집에 놀러온 상황)

😊 **친구1**　루미큐브 재미있어. 할 줄 알아?

😊 **친구2**　나도 좋아해. (하준이를 보며) 그럼 같이 하자.

😊 **하준**　　그거 재미없어. 야, 그냥 놀이터 가서 축구하자.

😊 **친구1, 2** 우리 이거 하고 싶어. 해도 되지? (둘이서 루미큐브를 시작한다.)

😊 **하준**　　(보드게임에 참여하지 않고 심술 난 표정으로 주변만 맴돈다.)

아이라고 해서 모든 종류의 놀이를 좋아하는 것은 아니다. 재미있게 느껴지는 것과 자신이 잘하는 것을 하고 싶어 한다.

이전 사례 속의 하준이는 신나게 뛰고 달리며 축구하기를 좋아하는 아이다. 친구들을 집에 초대했지만 실은 놀이터에 가고 싶다. 하지만 친구들은 하준이의 제안에 관심을 보이지 않고 결국 둘이서 놀기 시작한다. 하준이는 심술이 났다. 그렇다고 마음을 바꾸어 루미큐브를 하고 싶지도 않다. 나중에 두 아이가 보드게임을 한판 끝내고 나서야 함께 놀이터에 나가 놀았지만, 그 모습을 지켜본 하준이의 엄마는 걱정이 한가득이다. 하준이가 몸놀이만 좋아하고 앉아서 하는 놀이에는 좀처럼 집중을 못하기 때문이다.

"루미큐브가 집중력을 키우는 데 좋다고 해서 사주었는데, 하준이는 그걸 가지고 제대로 끝까지 놀아본 적이 없어요. 한두 번 시도해보더니 이젠 아예 건드리지도 않아요."

하준이 엄마는, 그렇다고 억지로 시킬 수도 없고 이럴 때는 어떻게 해야 새로운 걸 시도하게 할 수 있을지 모르겠다고 하소연했다. 뿐만 아니라 비가 오거나 미세먼지가 많아 나가 놀지 못할 때는 심심하다며 짜증을 내고 엄마에게 핸드폰을 내놓으라고 떼쓰기 일쑤라고도 했다. 엄마는 하준이가 왜 다른 놀이에는 집중하지 못하는지 자꾸만 신경이 쓰인다. 진짜 하준이는 왜 다른 놀이에는 집중하지 못하는 걸까?

첫째, 하준이는 새로운 놀이에 관심도 없고, 재미를 느끼지도 못하고, 스스로 못한다고 생각하기 때문이다. 즉, 새롭고 낯선 것, 어려워 보이는 것에 집중하기 힘들어 하는 경우다. 게다가 친구들보다 실력이 없다고 생각하기 때문에 회피현상이 더 심해지고 있다.

둘째, 어떤 놀이든 규칙이 있고, 놀이를 하기 위해서는 그 규칙을 이해하고, 기억하며, 잘 지켜야 한다. 그런데 놀이 규칙이 복잡하게 느껴지면 처음부터 거부감이 들게 마련이다.

셋째, 머리를 쓰는 활동에 집중해서 재미를 느껴본 경험이 절대적으로 부족하기 때문이다. 그러니 회피현상만 더 심해지고 있다. 집중해서 머리를 쓰며 생각하는 활동을 처음부터 잘하는 사람은 없다. 경험을 통해 재미를 느껴야 즐길 수 있게 되는데, 하준이에게는 그런 경험이 별로 없었다.

넷째, 몰랐던 것, 새로운 것에 접근하거나 도전해서 성공한 경험이 없거나 부족하기 때문이다.

아이가 놀이를 거부하는 건, 단순히 '좋다, 싫다'라는 감정으로

만 결정되는 것은 아니다. 내면에 이와 같은 원인이 있음을 이해하고, 성공적인 경험을 쌓을 수 있는 기회를 제공해야 한다. 이것은 사회적 상황에 필요한 집중력을 키우는 데 매우 중요하다.

💡 집중력 향상 하우투

아이의 문제점을 지적하고 싶은 마음이 솟아난다면, 잠시 멈추고 심호흡을 하며 마음을 진정시키자. 그리고 이렇게 되뇌자. "못하는 걸 지적하는 건 아이의 집중력을 망가뜨리는 일이야!" 이렇게 세 번만 외치면 마음 조절이 쉬워진다. 이제 아이의 집중력 향상을 위한 대화와 놀이를 시작해보자.

① 아이가 좋아하는 활동(예: 축구)에서 집중 잘하는 점을 찾아 칭찬한다.

"그렇게 어려운 축구 규칙을 다 기억하네. 정말 대단해."

"용어가 어려운데 기억도 잘하네."

"막상 뛰기 시작하면 규칙을 기억해내고 적용하기 쉽지 않을 텐데 정말 잘하는 것 같아."

② 축구의 강점을 새로운 활동(예: 루미큐브)과 연결시킨다.

"그 정도 능력이면 루미큐브도 쉽게 배울 수 있어. 금방 잘할 수 있을 거야. 루미큐브 딱 한 판만 하고, 나가서 축구하면 어때?"

③ 연습 게임을 해본다.

루미큐브 칩을 나눈 다음, 각자 칩으로 숫자 세트를 만들어 바닥에 내려놓는 규칙을 설명한다. 만약 아이가 규칙을 어렵게 느낀다면, 게임에 참여한 사람 모두 자기 칩 세트를 오픈해서 함께 보면서 게임을 하면 더 쉽게 이해할 수 있다.

처음 몇 판은, 아이가 아슬아슬하게 성공하도록 배려를 해서, 게임에 대한 재미와 자신도 게임을 잘할 수 있다는 기대와 희망을 갖게끔 돕는다. 이것은 아이의 관심과 재미를 끌어내기 위해 꼭 필요한 과정이다. 다만, 이기는 걸 좋아하는 아이라고 일부러 계속 져 주는 건 바람직하지 않다. 절반의 확률로 승패를 경험하면서 승패에 따라 마음을 조절하는 힘도 키울 수 있어야 한다.

이렇게 새로운 놀이를 배웠다면, 저녁에 한 번 더, 2~3일 내에 한 번 더 하면서 그 놀이에 익숙해지도록 한다. 새로운 놀이에 대한 재미와 자신감을 키울 수 있도록 도와주는 것이다.

만약 이런 과정을 거쳐도 새로운 놀이에 대한 집중도가 개선되지 않는다면, 아이가 좋아하는 소재를 활용한 놀이부터 시작해보자. 만약, 축구를 좋아한다면 축구 관련 보드게임부터 해보는 식으로 말이다. 대부분의 보드게임은 규칙이 많고 기억을 잘해야 한다. 그럼에도 불구하고 자신이 좋아하는 것과 관련된 것이라면, 거부감 없이 쉽게 접근할 수 있다. 평소에 좋아하는 것을 새로운 놀이에 접목시켜서 집중의 대상을 확장시키면 좋은 결과를 얻을 수 있다.

사회성 발달에 꼭 필요한 집중력

상황 예시

(아이가 친구들과 놀고 와서 자주 하는 말)

① 난 진짜 친구가 하나도 없어.

② 애들이 내 말은 하나도 안 듣고, 자기들 마음대로 해.

③ 친구들이 나보고 순서 안 지킨다고 뭐라고 했어. 전에 자기들도 그랬으면서.

④ 친구들이 나보고 가만히 좀 있으래.

⑤ 친구들이 나보고 말 좀 그만하래.

⑥ 축구하다가 다른 친구가 불러서 잠깐 말했는데 애들이 뭐라 해.

⑦ 애들이 나보고 약속 안 지켰다고 뭐라고 해. 난 그냥 잊어버린 건데.

우리 아이, 이유가 뭘까?

　대화에 집중을 잘하는 사람의 모습을 떠올려보자. 대화를 나눌 때 그 사람의 표정은 어떠한가? 어떤 몸짓을 하고 있고, 눈빛은 어떤가? 어디를 보고 있는가? 지금 이 순간에 집중하고 있고, 이야기에 집중하고 있다는 점이 무엇으로 느껴지는가?

　아이의 사회성이 부족할 때, 대부분의 부모들은 아이가 그저 친구들과 어울려 놀다 보면 나아질 거라 기대한다. 하지만 아무리 친구들과 함께 하는 놀이시간을 만들어주고, 함께 키즈카페를 가도 결국엔 칭얼대며 애들이 나랑 놀아주지 않는다고 호소한다면, 이렇게 노력해도 아이의 사회성이 나아지지 않는다면, 이제 사회성 부족의 원인이 무엇인지 정확하게 살펴보아야 한다. 아이가 친구들과의 소통에 어려움을 겪고 있다는 사실을 받아들이고, 그 원인이 무엇인지, 그리고 어떤 도움이 필요한지 찾아봐야 한다.

　앞의 '상황 예시'에 나온 아이의 말을 통해 상황들을 추측해보자. 진짜 친구가 하나도 없다는 말은 무슨 뜻일까? 어쩌면 아이는, 친구란 자기 말을 무조건 잘 들어주어야 한다는 왜곡된 생각을 가졌을 수도 있다. 친구들이 내 의견을 들어주지 않는다는 말도, 자기 의견이 수용되지 못하는 상황을 받아들이지 못했다는 의미일 수 있고, 의견이 다를 때 조율하는 방법을 모른다는 의미일 수도 있다. 다른 애들도 순서를 안 지키면서 나한테만 뭐라고 한다는 말도, 다른 아이가 잘못된 행동을 하면 나도 똑같이 그래도 된다는 태도, 즉 주변에 쉽게 물드는 태도를 지녔다는 반증일 수도 있다.

그 중에서도 친구들이 나보고 자꾸만 가만히 있으라고 한다는 말, 말 좀 그만하라고 한다는 말은, 친구들 사이에서 대화의 흐름을 따라가지 못하고 산만하게 딴짓을 하거나 혼자 엉뚱한 말을 종종 꺼낸다는 의미가 된다.

축구를 하다가 옆으로 지나가던 다른 친구와 이야기를 나누었다는 것 역시, 지금 집중해야 하는 일에 집중하지 못했다는 증거가 된다. 만약 아이가 다른 아이와 말하느라 패스해준 공을 놓쳤거나 골키퍼였는데도 그렇게 했다면, 아마 다음엔 친구들이 함께 축구를 하지 않겠다고 말할 수도 있다. 또한 친구들과의 약속을 자주 잊어버린다는 말도, 사회성을 기르는 데 필수요소인 집중력이 부족하다는 증거이기도 하다.

결국 사회적 상황에서 집중력이 부족하면 주변 상황과 사람들의 말을 충분히 이해할 수 없게 되고, 선택적으로 일부만 받아들이거나 잘못 판단하게 된다. 그런 상태로 대화를 이어나가면 딴 생각에 빠져들거나 엉뚱한 말을 하게 되는 등, 사회적인 관계에서 어려움을 겪을 수밖에 없다. 그러니 사회성 발달을 위해서라도 아이에게 필요한 사회적 집중력을 꼭 키워주어야 한다.

💡 집중력 향상 하우투

사회성에 필요한 집중력은 시각과 청각 두 가지 신호를 정확히 주고받는 데서 시작한다.

① 눈 맞춤 집중력 키우기

사회적 상황에서 '나는 당신에게 집중하고 있습니다'라는 것을 가장 강력하게 나타내는 신호가 바로 눈 맞춤이다. 사회성 발달에 문제가 생긴 경우, 가장 먼저 눈 맞춤에 어려움이 생긴다. 눈 맞춤이 잘 되지 않는 아이는 상대방에게 집중하지 못하고 자기 감정에 매몰돼, 많은 사회적 신호와 상대방의 말을 놓치게 된다. 더욱이 상대방이 비언어적으로 보내는 더 중요한 메시지는 거의 캐치하지 못한다. 따라서 사회적 상황에서 어려움을 겪을 수밖에 없다.

이렇게 중요한, 눈 맞춤 집중력은 부모가 먼저 보여주어야 한다. 아이와 대화할 때, 부드러운 표정으로 눈을 맞추며 말해야 한다. 아이의 뒤통수, 옆통수, 정수리에 대고 말하면 아이는 상대방의 눈을 마주보며 집중하는 것을 연습할 수 없다. 유아기 아이에게만 눈 맞춤이 필요한 게 아니다. 아이가 커가는 내내 눈 맞춤 상호작용은 매우 중요하다. "눈 보며 얘기해. 엄마를 봐야지"라는 말 대신, 아래처럼 행동을 강화시키는 말을 해보자.

"네가 엄마를 바라보며 말하니 너무 좋다. 엄마 말에 잘 집중해주는 것 같아 기분이 좋아."

눈 맞춤은 짧은 시간에 사람과 사람 사이를 강렬하게 연결해준다. 이러한 눈 맞춤이 사회성 발달에 필수 요건임을 기억하자. 수업 시간에 선생님과 눈 맞춤을 잘한다면 수업 집중력이 저절로 좋아질 수 있다. 결국 눈 맞춤은 모든 공부의 시작이자, 사회성을 나타내는 척도이다.

② 따라 말하기, 듣기 훈련

'한국말은 끝까지 들어야 해'라는 문장의 말뜻은, 우리말의 구조상 중요한 말, 결론적인 말은 거의 끝에 나온다는 것을 의미하는 것이기도 하지만, 동시에 사회적 상황에서 집중하지 못하는 사람들을 위한 충고의 말이기도 하다. 즉, 문장을 끝까지 듣고 그것을 기억해서 다시 직접 말하게 하는 것은, 집중력을 키우는 데 사용할 수 있는 좋은 방법이다.

"엄마는 오늘 지하철 5호선을 타고 광화문역에 내려서 세종문화회관 미술관에 다녀올 거야. 엄마가 어디 다녀온다고 했지? 기억해서 말해볼래?"

"지하철 5호선을 타고 광화문역에 내려서 세종문화회관 미술관에 다녀온다고 했어요."

아이의 연령에 따라 문장의 길이는 조절하는 게 좋다. 아이가 듣고, 다시 자기 말로 말할 수 있어야 한다.

③ 친구에게 궁금한 점 질문하기

친구의 말과 비언어적 신호에 집중하는 능력이 부족해서 사회성에 문제가 생길 때, 친구에게 궁금한 점을 질문하는 것만으로도 사회적 집중력 향상에 도움을 줄 수 있다. 이것은, 집단 상담에서도 자주 사용하는 방식이다. 각자 일주일 동안 있었던 간단한 생활 에피소드를 한 가지씩 말한다. 듣는 사람은, 상대방의 말을 듣고 난 후 최소한 한 가지 이상의 질문을 한다. 질문을 받은 사람 역시, 어떤 질문이든 무시하지 않고 대답해준다. 아이와 함께 저녁 시간에 일주일에 1~2회만 이 과정을 진행해도, 아이의 공감능력과 사회적 집중력이 무척 좋아질 것이다.

대화 집중력을 키워라

🔆 상황 예시

🙎 **엄마** 오늘 학원 끝나고 같이 할머니 댁에 가야 해. 엄마가 학원 앞
으로 갈게. 5분 정도 늦을 수 있으니 기다려야 해. 알겠지?

😊 **아이** 네.

(학원 앞에서 전화)

🙎 **엄마** 너 왜 안 나오니?

😊 **아이** 어? 나 학원 끝나고 친구 집에 놀러 왔는데?

💡 우리 아이, 이유가 뭘까?

아이는 왜 엄마 말을 제대로 듣지 못했을까? 아이가 대화에 집중하지 못하고 기억도 못하는 이유를 알아보자.

첫째, 아이의 말을 누군가가 집중해서 들어준 경험이 부족해서다. 아이는 경험을 통해 더 많은 것을 배운다. 누군가가 나의 말을 귀 기울여 경청한다면, 당연히 자신도 상대의 말을 경청하게 된다. 안타깝게도 누군가가 아이의 말에 귀 기울여준 경험이 부족한 경우 이런 현상이 잘 나타난다. 부모가 아이 말을 건성으로 듣거나, 기억하지 못하는 경우가 잦을 때, 아이 역시 타인의 말을 들을 때 집중하지 않게 된다.

둘째, 실제 청각 집중력이 부족한 경우다. 친구가 분명히 말했지만 아이가 기억하지 못한다면, 대화 내용을 아이가 다시 한 번 말하게 하는 방식으로 훈련해나갈 수 있다. 의견을 나누거나, 토론을 할 때도 마찬가지다. 대화 집중력이 부족한 아이들은 자기 할 말만 하고 상대방의 말에 귀 기울이지 않는다. 그때 필요한 것이 바로 상대방의 말을 자신의 말로 다시 정리해서 말하도록 하는 것이다. 상대방의 말을 듣고, 무심코 "네"라고 대답하는 건 습관적 대답일 뿐이다. 그 말의 내용을 정확히 이해하고 받아들여서 반응하는 게 중요하다.

셋째, 상대방의 말이 중요하다고 생각하지 않는 경우다. 상대의 말을 자신의 말로 다시 한 번 정리하는 과정을 거쳐도 잊어버리는 아이들이 있다. 엄마와의 약속이 아이에게는 중요하지 않았거나 친구의 제안이 마음에 들지 않았을 때노, 이런 현상이 나타난다. 그러나 나와 생각이 다른 경우에도 지금의 대화에 집중하고, 자신의 의견을 말할 수 있어야 한다. 이러한 태도를 유지해야 친구 관계와 사회생활에서 어려움을 겪지 않게 된다.

무엇보다 대화 집중력은 수업 집중력의 근간이 된다. 선생님 말에 집중해야 수업에 집중할 수 있기 때문이다. 그러니 지금부터 아이의 대화 집중력을 제대로 연습시켜 보자.

💡 집중력 향상 하우투

① 눈 카드, 귀 카드 놀이

대화 집중력이 부족한 아이들은 대표적으로, 자기 차례를 못 기다리고, 남의 말을 끊고 대화에 끼어드는 모습을 자주 보인다. 한마디로 때와 장소를 가리지 못하고, 껴들 때와 빠질 때, 기다릴 때와 행동할 때를 구분하고 조절하는 능력이 부족한 것이다. 이런 습관이 있다면, 놀이를 통해 좀 더 강력하게 대화 집중력을 체득할 수 있도록 도와주어야 한다. 종이로 귀 카드와 입 카드를 만들자. 입과 귀 모양은, 그림으로 그려서 나타내도 좋고 글자로 써도 좋다. 입 카드는 한 장, 귀 카드는 대화에 참여한 나머지 인원수만큼 만든다.

"오늘 학교에서 재미있었던 일 말할 사람?"

손을 든 아이에게 입 카드를 주고 나머지 사람은 귀 카드를 가진다. 이야기를 듣다가 말하고 싶은 사람은 손을 들 수 있는데, 이때 입 카드를 가진 사람이 그 카드를 넘겨주어야만 말할 수 있게 한다. 두 명 이상 모였다면 즐겁게 이 놀이를 시작할 수 있다. 대화 주제는 어떤 것이라도 좋다. 친구의 말에 집중하고, 자기 순서를 기다리고, 자신이 할 말을 생각하게 하는 등, 이 놀이는 전반적인 사회성 향상에 큰 도움을 준다. 이 놀이를 통해 아이의 대화 집중력을 쑥쑥 성장시킬 수 있다.

② 중요한 대화나 약속을 메모하기

"선생님, 잠깐만요. 적을게요."

상담하는 중간에 어느 순간 메모를 하겠다는 아이들이 있다. 물론 상담이 어느 정도 진행되고 난 후, 심리적인 어려움들이 진정되거나 해결되어 성숙한 행동들이 나타나기 시작하는 과정에서 보이는 현상이다. 이렇게 집중하는 모습은 너무나 예쁘다.

이처럼 대화를 하면서 우리 아이의 중요한 말을 기록해보자. 부모가 자신의 말을 잘 기억하기 위해 기록한다는 것 자체가, 아이가 대화에 더 잘 집중하게 만드는 강력한 동기가 된다. 또한 아이가 자발적으로 대화를 메모하게 하는 계기가 되기도 한다.

필자 역시 아이들과의 상담에서 끊임없이 메모한다. 그리고 왜 자기 말을 적는지 질문하는 아이들에게 이렇게 말해준다.

"네 말 한마디가 너무 중요해. 내가 지금 아무리 집중해서 대화를 한다 해도 다 기억하지는 못하잖아."

단, 주의할 점이 있다. 중요한 대화나 약속을 메모하라고 아이에게 먼저 강요하기보다 먼저 부모가 기록하는 모습을 보여주어야 한다. 그래야 아이도 자연스럽게 따라 할 수 있고 대화에 더 잘 집중할 수 있게 된다. 이렇게 부모와의 대화에 잘 집중하게 되면, 분명 다른 상황에서의 대화에도 더 잘 집중하게 될 것이다.

③ 상황을 예측하고 다시 내용을 확인하기

앞의 상황 예시처럼, 아이가 엄마와의 약속을 잊어버렸거나 혹은 약속을 기억했지만 더 하고 싶은 게 따로 있어서 어기는 경우도 있다. 이럴 때는, 약속을 정할 때 일어날 수 있는 변수를 예상해서 어떻게 할지 아이와 미리 대화해보는 게 중요하다.

"오늘 학원 끝나고 엄마랑 할머니 댁에 갈 건데, 만약 그때 친구가 같이 놀자고 하면 너는 어떻게 할 거야?"

아마 아이는 그제야 '어?' 하고 뭔가를 깨닫는 표정을 지을 수도 있다. 이런 대화를 미리 하지 않는다면 아이는 쉽게 엄마와의 약속을 잊어버리게 된다. 그러니 상황을 예측해서 아이가 마음을 조절할 수 있도록 예방하는 대화를 하는 게 중요하다. 초등학생이라면, 대화로 나눈 내용이 행동으로 이어지게끔 이렇게 부모가 도와주어야 한다.

공감능력이
집중력을 꽃피운다

🔆 상황 예시

🙋 **엄마A**　넌 엄마 말을 왜 이렇게 무시하니? 엄마가 몇 번을 말해?

🙋 **엄마B**　친구가 놀이터에서 기다리는데 게임하고 있으면 어떡해?

🧑 **선생님C**　선생님이 너랑 수업하려고 이렇게 준비를 많이 했는데, 자꾸 딴짓할 거야?

🔆 **우리 아이, 이유가 뭘까?**

아이는 상대를 배려하지 않았다. 엄마 말에 집중하지 않고, 친구와의 약속을 쉽게 잊어버리고, 열심히 가르치는 선생님을 서운하게 만들었다. 왜 이런 상황이 벌어질까? 공감능력은 정서적 능력이고 집중력은 인지적 능력인데 왜 집중력에 공감능력이 필요한 것일까? 만약 정서적인 공감능력이 뛰어나다면 아이의 행동은 어떻게 달라질 수 있을까?

열심히 설명해주는 엄마에 대한 고마움과 미안함을 느꼈다면, 하기 싫은 마음을 참고 집중하기 위해 애를 썼을 것이다. 나를 기다리고 있을 친구 마음에 공감한다면 게임이 나를 유혹해도 친구를 기다리게 하지는 않았을 것이다(물론 초등 시기라면, 아직 게임보다 친구와의 놀이가 더 즐거울 때이므로 미디어 때문에 친구와의 약속을 자주 어긴다면 공감능력보다는 미디어 과몰입이 아닌지 살펴봐야 한다). 공감능력이 좋다면 선생님이 나를 위해 많은 수업 자료를 준비해 오신 게 고마워서 좀 더 열심히 집중하려는 태도를 보였을 것이다.

이러한 공감능력의 정도는, 아이가 얼마나 공감받고 자랐는가에 의해 달라진다. 부모가 아이에게 공감능력을 발휘하면, 아이의 공감능력도 저절로 높아진다. 따라서 사례와 같은 모습이 나타난다면 평소에 아이에게 공감을 잘해주었는지 부모의 태도를 점검하는 게 우선이다. 공감받는 경험이 충분히 쌓여 있어야 공감을 설명했을 때 아이도 이해하고 받아들이게 된다.

또한 공감능력은, 마음을 얼마나 이해할 수 있는가와 관계되어 있기 때문에 이 능력이 부족하다면 아이가 자신의 마음을 잘 느끼고 이해하는 것도 어려워할 수 있다. 감정에 대한 이해가 부족하면 내가 느끼는 감정과 그 이유에 대해서도 스스로 깨닫지 못한다.

만약 숙제를 안 해서 찜찜한 기분이 든다면, 그 감정이 숙제를 안 한 것에 대한 불쾌감이고, 이는 스스로도 숙제를 잘하기를 원했던 것임을 알아차려야 한다. 감정에 대한 이해가 부족하면 이렇게 자신이 진짜 원하는 게 무엇인지 깨닫지 못하고, 그저 감각적 자극에만 치우치게 될 위험이 있다.

따라서 지금까지 공감능력을 기르는 교육이 부족했다면, 이제부터라도 감정을 이해하고 표현하고 조절하는 방법을 가르쳐야 한다. 그래야 사람과 어울리는 모든 상황에서 공감능력을 발휘하고, 더 잘 집중할 수 있게 된다.

💡 공감력 향상 하우투

① 실현 가능한 목표로 스트레스 해소하기

내 마음속 스트레스가 해소되어야 타인에 대한 공감력과 집중력도 좋아진다. 예를 들어, 아이가 성적이 나빠서 속상해한다면 일단 성적에 대한 불안과 걱정을 내려놓을 수 있게끔 실현 가능한 목표와 범위를 설정해서 도와주어야 한다는 얘기다.

만약, 이번 수학시험에서 60점을 받았다면, 다음 시험의 목표 점수는 60점과 비교해봤을 때 실제로 성취 가능한 점수로 정해야 한다. 이때 80점 혹은 90점처럼 정확한 점수를 목표로 정하기보다는 60점~80점처럼 범위로 정하는 게 바람직하다. 실현 가능한 목표 점수를 정하는 것만으로도 아이는 심리적 안정을 되찾을 수 있다. 그렇게 하면 이전보다 훨씬 스트레스가 낮아지고, 그만큼 친구에게 더 잘 공감하고 집중도 더 잘하게 된다. 아이의 마음은 이렇게 각각 연결되어 있다.

② 이야기 속 인물의 마음을 공감해보자.

공감능력은 연습할수록 좋아진다. 책 속 인물들의 사건과 이야기를 통해 타인의 마음을 이해하고 다양한 관점을 알아보는 시간을 가져보자. 이때 감정 카드를 활용하면 도움이 된다. 가장 마음에 와 닿는 인물은 누구인지, 이야기를 읽으면서 어떤 감정을 느꼈는지, 서로 대화를 나누는 것만으로도 미처 생각하지 못했던 타인의 감정과 생각을 깨닫게 된다. 이 방법은 일상에서도 쉽게 응용해볼 수 있다. 어떤 사건에 대해서 아이와 서로 각자의 감정과 생각을 나눠보자. 서로 왜 그런 감정을 느꼈는지 이야기하다 보면 저절로 공감능력이 높아진다.

③ 친구들과 함께 감정 빙고게임

〈해와 달이 된 오누이〉 같은 옛이야기를 들려주자. 사건과 인물의 특성이 두드러지게 드러나기 때문에 감정 연습에 효과적이다. 감정 어휘 목록을 앞에 두고 진행하면 더 좋다. 각 인물들이 느꼈을 감정 단어를 16칸이나, 25칸 빙고로 진행해본다. 한 줄 빙고로 끝내지 않고, 모든 칸을 다 채우는 전체 빙고로 진행하는 게 더 재미도 있고 자신과 타인의 감정을 인식하는 데도 도움이 된다. 아이가 특이한 감정 단어를 썼다면, 그 단어를 선택한 이유를 묻고 그것에 대해 더 대화해보도록 한다.

④ 표정과 몸짓, 팬터마임 퀴즈놀이

사자성어나 속담을 몸짓과 표정으로 보여주고 아이가 그 의미를 알아맞히게끔 해보자. 퀴즈를 내는 사람은 보는 사람이 이해할 수 있는 방식으로 보여주어야 하고, 맞추는 사람도 상대가 어떤 것을 표현하고 있는지 깊이 공감해야 정답을 찾을 수 있다. 이 게임을 할 때는, 입으로 글자 모양을 보여주면 안 된다는 점을 기억하자.

예: 개구리 올챙이 적 생각 못한다. 도토리 키 재기. 돌다리도 두들겨보고 건너라. 뛰는 놈 위에 나는 놈 있다. 땅 짚고 헤엄치기. 말 한마디로 천 냥 빚을 갚는다. 바늘 도둑 소도둑 된다 등등.

아이가 어려워한다면, 열 가지 정도의 속담을 미리 보여준 다음, 그 안에서 알아맞히게 하는 방식으로 난이도를 조절할 수 있다. 물론, 이 게임을 통해 속담과 사자성어를 더 많이 알게 되는 건 덤이다.

구슬도 꿰어야 보배, 행동하는 집중력

💡 **상황 예시**

🙂 **엄마**   숙제해야지.

😊 **아이**   레고 이것만 마저 만들고….

🙂 **엄마**   그럼 그것만 하고 숙제해.

(30분 후, 이번에는 만화책을 보고 있음)

🙂 **엄마**   왜 또 다른 걸 하고 있어? 그만하고 숙제한다고 했잖아.

😊 **아이**   아니, 진짜로 이것만 보고 한다고!

왜 아이는 해야 할 행동을 바로 시작하지 못하고 이것저것 하면서 산만한 행동만 하고 있을까? 바로 목표 행동에 대한 집중력을 키우지 못했기 때문이다. 한마디로 미루기 대장인 셈이다. 무엇을 해야 할 지도 알고 있고, 꼭 해야 한다는 것도 알고 있다. 그런데도 아이는 시작하지 못하고 있다. 미루기 행동은 실제로 아이의 집중력을 약화시키고 과제 완성도를 저하시킨다. 그러니 왜 자꾸 미루기 행동을 하게 되는지 그 이유부터 살펴보자.

첫째, 미루기는 해야 할 일에 대한 스트레스를 지연시킨다. 그래서 단기적으로 쾌감을 주기도 한다. 또한 미루다 보면 자신이 해야 할 일을 엄마가 도와주거나 혹은 줄여주기도 한다. 결국, 미루기로 인해 자신에게 이차적 이득이 있음을 알기에 계속 미루는 것이다.

둘째, 미루기 위해 만들어내는 변명에 아이 스스로 속기 시작하면서 자신의 행동을 합리화하기 때문이다. '나는 숙제를 하려고 했는데, 엄마가 잔소리해서 하기 싫어'라고 생각한 순간, 행동을 시작하지 않는 자신에 대한 부정적 느낌은 사라지고 엄마 탓으로 돌리게 된다.

셋째, 미루지 않고 행동하는 것을 배우지 못했다. 아이가 자기 할 일을 미루지 않고, 제대로 집중해서 과제를 수행하고 일상의 행동을 완수하는 방법을 배우지 못한 탓이다. 부모도 말로만 가르쳤지 미루고 싶은 마음을 어떻게 조절하는지 설명하고 실천하도록 도와준 적은 없었기 때문이다. 혹은 가르쳤다고 해도 그것을 습관으로 정착시키지 못했다. 그러니 아이의 미루는 행동을 혼내기보다는 아이가 해야 할 목표와 과제에 제대로 집중해서 행동으로 실천하게끔 도와주는 게 먼저다.

이때, 목표 행동을 실천하고 완수할 수 있는 아이의 능력을 먼저 키운 후에, 산만한 행동을 조절하는 능력을 키우는 순서로 진행하는 게 바람직하다. 그런데 감사하게도, 목표 행동을 수행하는 행동 집중력을 키워나가면, 아이의 산만한 행동 역시 저절로 조금씩 줄어든다.

또한 행동 집중력은, 실행 가능한 행동을 잘 계획하고 이를 실천하는 능력이므로 이 행동 집중력이 높아지면, 성취에 대한 경험도 함께 올라간다. 예를 들어, 숙제를 해야 한다고 머릿속으로 생각만 하는 게 아니라 실제로 숙제를 시작하게 되기 때문에 숙제 완성도에도 영향을 미치게 된다.

"무슨 생각을 해, 그냥 하는 거지." 김연아의 명언이다. 고난이도의 피겨 스케이팅 연습을 할 때 무슨 생각을 하는지 질문하는 기자에게 혼잣말하듯 한 대답이다. 하기 싫다는 생각, 하다가 실수하면 어떡하지 하는 생각만 하면서 정작 행동은 하지 않고 걱정만 하는 사람들이 많다. 해야 할 것은, 그냥 하는 것이다. 잡념을 떨치고 그냥 했더니 어느새 결과물이 눈앞에 있었다는 말처럼, 우리 아이에게도 목표와 계획대로 그저 실천하는 그 힘의 중요성을 알려줘 보자.

① 숙제하는 아이 옆에 앉아 책을 보자.

초등 시기 아이에게, 가장 강력한 외적 동기는 부모다. 만약, 아이가 숙제한다는 말만 하면서 좀처럼 집중하지 않는다면, 아이가 숙제를 할 때 그 옆에서 엄마 아빠도 책을 보거나 집중해서 글을 써보자. 거울 뉴런의 힘을 빌리는 것이다. 거울 뉴런이란, 다른 사람의 움직임을 관찰하면서 활성화되는 신경세포이다. 즉, 부모가 아이 옆에서 몰입해서 책을 보고 있으면, 아이도 부모와 비슷한 행동을 취하게 된다는 것이다. 부모의 모습을 보면서 아이의 뇌가 집중모드로 바뀌게 된다.

아이가 숙제할 때마다 벌서는 느낌이 들 수도 있지만, 아이의 행동 집중력을 키우기 위해 필요한 약간의 노력이라고 생각하자. 아이가 혼자 집중할 수 있을 때까지만 참아보자. 단, 주의할 점이 있다. 옆에서 아이의 문제 행동을 지적하지 말아야 하고, 미디어 기기로 책을 보는 것은 안 된다. 볼 책이 없으면 차라리 종이 출력물이나 서류를 보는 게 좋다.

② 효과적인 계획 세우기

효과적으로 계획 세우는 법을 가르쳐주자. 단, 지금 당장 실천할 수 있는 계획을 세울 수 있도록 해야 한다. 예를 들어, 초등학교 3학년 아이에게 영어 공부를 제안했다고 해보자.

"이제 영어 공부를 시작해야 할 것 같아. 어떤 방법으로 하면 쉽게, 즐겁게 할 수 있을까?"

그런데 아이의 표정이 별로 밝지가 않다. 해야 하는 건 알지만, 왠지 마음이 내키지 않는 것이다. 억지로 시작하는 건 못 지킬 확률이 높다. 자신이 원하는 방식을 찾아서 계획을 세울 수 있도록 아이를 도와주자.

"매일 저녁 8시에 부담 없이 영어 그림책 읽기나 영어 노래 듣기는 어때? 아니면 잠잘 때 불 끄고 네가 좋아하는 영어 애니메이션 들으면서 자는 건 어때? 재미도 있을 거야."

이런 질문을 차례로 하면서 대화를 진행해보자. 그러다가 마침내 아이가 자신의 방법을 정해서 말한다면 그것을 수용해주자.

"하루에 20분 정도, 그림책이나 노래 듣기 중에서 한 가지만 할래요. 영어 애니메이션 듣기도 좋은데 내가 직접 고를 거예요. 오늘 저녁부터 시작하는 것에도 동의."

아이의 의견을 존중하면서 제안하면, 생각보다 쉽게 아이가 받아들인다. 특히 목표나 계획이 부담스럽지 않아야 아이가 행동으로 실천할 수 있다. 하지만, 완벽한 계획은 있을 수 없고 분명 작심삼일 현상이 나타날 수 있으므로 꼭 일주일 동안 실천해본 후 재평가하는 시간을 가져야 한다.

행동하는 집중력을 높이기 위해서는, 강요하지 말아야 하고 부담주지 말아야 하며, 즐겁게 신나게 실천할 수 있도록 도와주는 게 가장 중요하다는 점도 잊지 말자.

5장

현명한
스마트폰 사용법

스마트폰, 사줄 것인가? 버틸 것인가?

💡 상황 예시

🧒 **아이**　엄마 나 스마트폰 사줘~~~!!

👩 **엄마**　너 키즈폰 있잖아.

🧒 **아이**　키즈폰 가진 애는 우리 반에서 나뿐이야. 애들이 놀린단 말이야.

👩 **엄마**　중학생 되면 사준다고 했잖아.

🧒 **아이**　애들이 전부 게임하는데 나만 바보 같고 왕따 당한단 말이야.

아직 초등학생 아이에게 스마트폰을 사주지 않았다면 지금쯤 엄청나게 시달리고 있을 것이다. 초등학생에게 스마트폰은 과연 어떤 의미일까? '스마트폰은 꼭 필요한가'라는 토론을 통해 초등학생 아이들의 의견을 살펴보자.

스마트폰 필요해.(찬성)	스마트폰 필요 없어.(반대)
친구들과 소통하기 위해서 꼭 필요해. 게임이나 SNS에서 친구를 사귈 수 있어. 세상과 나를 연결해주는 창문이야. 중요한 정보를 검색할 수 있어. 스마트스쿨 시스템을 사용할 때 유용해. 유튜브에 없는 게 없어. 재미있는 것도 많고 도움 되는 것도 많아. 시간 조절 어플로 스마트폰 사용 시간을 제한할 수 있어. 유용한 차단 앱이 많아서 스마트폰 부작용을 예방할 수 있어.	걸어가면서 하는 애들도 있어서 위험해. 너무 비싸고, 비싼 걸 가지고 있다고 서로 비교하고 자랑하게 돼서 좋지 않아. 스마트폰 게임을 하다 보면 쉽게 멈출 수가 없어. 단톡방에서 예의를 지키지 않는 아이들이 많아서 문제가 돼. 익명으로 악성 댓글을 다는 아이도 있어. 친구 아이디를 도용해서 마음대로 쓰는 경우도 있어.

초등학생이지만 꽤나 깊은 생각을 하고 있는 것으로 보인다. 하지만 말은 이렇게 해도, 현실에서 부모가 스크린 타임으로 사용 시간을 제한하거나, 차단 앱을 깔아두면 어떻게 반응할까?

아마 말처럼 성숙하게 행동하지는 못할 것이다. 짜증내고 저항하고 공격성을 보일 수도 있다. 게다가 '핸드폰은 친구이자 세상과 연결되는 창문' 같은 말로 부모의 마음을 약하게 만들기도 한다. 핸드폰 때문에 친구들 사이에서 혼자 무시당하고 따돌림을 당한다니, 그럼 사줘야 하는 게 아닐까? 부모의 마음도 조금씩 흔들린다. 심지어 최신 기종을 사주고 싶은 마음까지도 생긴다.

하지만 스마트폰을 손에 쥐는 순간, 아이는 스스로 했던 말과 약속은 까마득히 잊어버릴 것이고, 당장 그날 저녁부터 스마트폰으로 인한 실랑이가 벌어질 것이다. 세상 사람들에게 스마트폰을 선보였던 스티브 잡스도 자신의 아이들에게는 고등학생이 될 때까지 스마트폰을 허락하지 않았다. 빌 게이츠는 어떤가. 그역시 자녀가 14세가 될 때까지 스마트폰 사용을 허락하지 않았다. 즉, '아이들의 스마트폰 사용'에 대한 기본 원칙은 '가능하면 늦게! 늦을수록 좋다'이다. 미룰 수 있을 때까지 미루는 것이 좋다. 꼭 사주어야 하는 상황이라면 스마트폰 조절력이 어느 정도 발달했을 때 사용하게끔 하는 게 바람직하다.

💡 조절력 향상 하우투

일단 스마트폰을 아직 사주지 않았다는 전제 하에, 아이의 요구를 최대한 미루는 방법을 알아보자.

① 스마트폰 없는 친구 모임 만들기

스마트폰을 요구하는 아이들의 가장 큰 핑계가 바로 '친구들은 다 가지고 있는데, 나만 없다'는 것이다. 그러니, 혹시 아이 반에 아직 스마트폰이 없는 친구들이 있다면, 엄마들의 모임방을 만들어서, 스마트폰 없이 노는 친구들과의 만남을 가져보는 것도 괜찮다. 혹은 학부모 단톡방이 있다면 이런 질문을 올려볼 수도 있다. "스마트폰은 언제 사주면 좋을까요?" 아마 여러 댓글이 달릴 텐데, 이때 '아직 스마트폰을 사주지 않았다'는 댓글을 찾게 되면, 그 엄마와 따로 연락해 노는 시간을 만들어볼 수도 있다.

그런 만남을 통해 스마트폰 없이도 얼마든지 친구들과 즐겁게 놀 수 있다는 사실, 미디어 기기의 도움이 필요할 때는 꼭 스마트폰이 아니더라도 컴퓨터나 태블릿으로 해결할 수 있다는 사실, 스마트폰이 하고 싶은 활동에 제약을 주기도 한다는 사실을 경험하게 해주자.

스마트폰 없이도 즐겁게 놀 수 있어야 요구하는 시기를 늦출 수 있다. 만족지연 능력이 스마트폰 사용에도 잘 적용될 수 있게 도와주자. 그래야 아이는 스마트폰에 대한 갈망을 조절할 수 있다.

② 아이의 관심을 다른 곳으로 돌리기

만약 우리 아이가 또래에 비해 집중력이 부족하다고 느껴지거나 ADHD로 진단받았거나, 기질상 자극추구가 강하다면 더더욱 스마트폰 사주는 시기는 늦추어야 한다. 쉽지 않은 일이지만, 꼭 그렇게 해야 한다.

스마트폰 대신 아이의 관심사를 다른 곳으로 돌려보자. 아이가 좋아하는 것을 좀 더 다양하고 깊이 있게 경험하고 체험하도록 도와주는 게 중요하다. 로봇이나 드론을 좋아한다면 책으로도 보여주고 직접 참여할 수 있는 프로그램도 찾아서 경험하게 해주자. 특히 새로운 자극을 좋아하는 아이라면, 그 관심과 에너지의 집중 대상이 스마트폰이 아니라 세상의 다양함으로 향하게 해야 한다. 책상에 앉아 공부만 하라는 말은 오히려 아이의 관심을 스마트폰에 쏠리게 할 수 있다.

③ 스마트폰이 필요한 경우, 대처 방법 생각하기

고학년의 경우, 학교에서 스마트폰으로 자료를 찾게 하는 경우도 있지만, 대부분은 꺼둔다. 선생님이 거둬서 보관하기도 한다. 만약 학교에서 스마트폰으로 자료를 찾는 일이 많다면, 없는 아이들에 대한 대책을 요구할 수 있어야 한다. 물론, 부모가 맞벌이이거나 하교 후 아이가 부모와 꼭 연락을 해야 할 경우엔 필요할 수 있지만, 그 또한 일단 대처 방안을 모색해보자.

④ 부주의한 스마트폰 사용에 대해 경각심 주기

스마트폰을 보다 보면, 수많은 자극적인 기사들, 가짜 뉴스에 현혹되고 휘말릴 가능성이 높아진다. SNS를 보면서 자극을 받거나 심리적으로 불안정해질 수도 있고, 나도 모르게 사이버 폭력에 휩쓸릴 수도 있다. 무심코 친구를 놀리는 말에 동조하거나, 짜증이 나서 친구를 험담하는 말을 즉흥적으로 SNS 상에 쓰는 식으로 말이다.

아이는 인터넷 기록이 영원하다는 것을 모른다. 아무 생각 없이 무심코 썼던 말이 어떤 식으로 부메랑이 되어 자신에게 돌아올지 예상하지 못한다. 그래서 화가 나면 쉽게 친구의 뒷담화를 하거나, 외모나 말투를 놀리고, 별로인 것 같다는 말을 친한 친구들의 단톡방에 올리기도 한다. '누가 누구랑 사귀었고, 누가 누구랑 싸우고 헤어졌고, 그 애는 좀 별로다'는 가십을 문자로 친구들에게 전달하거나 별 생각 없이 톡방에 올릴 수 있다.

따라서 아이와 함께 이러한 부분들에 대해 이야기를 나누고, 그 행동들이 불러오는 결과에 대해서 알아봐야 한다. '학교폭력' 사안에 포함되는 다음의 내용을 아이에게도 알려주자. 스마트폰 사용에 대한 올바른 경각심을 가지게 할 수 있다.

- 사이버 언어폭력, 사이버 명예훼손, 사이버 갈취, 사이버 스토킹, 사이버 따돌림, 사이버 영상 유포 등 정보통신기기를 이용하여 괴롭히는 행위

- 특정인에 대해 모욕적 언사나 욕설 등을 인터넷 게시판, 채팅, 카페 등에 올리는 행위. 특정인에 대한 저격글이 그 한 형태임.

- 특정인에 대한 허위 글이나 개인의 사생활에 관한 사실을 인터넷, SNS 등을 통해 불특정 다수에게 공개하는 행위

- 성적 수치심을 주거나 위협하는 내용, 조롱하는 글, 그림, 동영상 등을 정보통신망을 통해 유포하는 행위

- 공포심이나 불안감을 유발하는 문자, 음향, 영상 등을 휴대폰 등 정보통신망을 통해 반복적으로 보내는 행위

_〈2023 학교폭력 사안처리 가이드북〉중에서

스마트폰 조절력 키우기

👩 **엄마**　이제부터 약속한 대로만 사용해야 해. 시간 지나면 꼭 엄마
　　　　한테 맡기고, 약속해.

🧒 **아이**　알겠어요. 잘 지킬게요.

(게임 시간이 지나도 계속하는 아이)

👩 **엄마**　너, 시간 지났어. 이제 그만하고 폰 엄마한테 줘.

🧒 **아이**　아, 이것만 하고요. 지금 끝내면 아이템을 못 얻는단 말이에
　　　　요!

💡 우리 아이, 이유가 뭘까?

아이가 스마트폰 사용에 대한 약속을 못 지키는 이유는 명백하다.

첫째, 공부와 숙제보다 백만 배 더 재미있기 때문이다. 스마트폰으로 게임이나 영상을 자주 본다 해도 아이가 할 일만 제대로 한다면 그래도 봐줄 만하다. 하지만 스마트폰에 빠지고 난 후에는, 대부분 공부와 숙제는 뒷전이 되어 버린다. 스마트폰은 아이의 사고 체계를 바꾼다. 꼭 해야 하는 것 앞에서도 '왜 해야 하는데?'라는 생각이 먼저 튀어나온다. 그래서 모범생이었던 아이가 스마트폰을 갖게 되면서 완전히 달라져 버렸다는 이야기를 심심찮게 듣게 되는 것이다. 이렇게 아이가 꼭 지켜야 하는 것들에 대해 반항하고 거부하기 시작했다면, 위험성을 제대로 인식하지 못한 채 아이 손에 스마트폰을 쥐어줬다는 걸 깨달아야 한다.

둘째, 아이의 주의력을 강탈해가기 때문이다. 스마트폰의 모든 콘텐츠는 사람들의 관심을 끌도록 만들어져 있고, 그러한 콘텐츠들이 끝없이 올라온다. 아무리 조절력이 높은 사람이라도 자극적인 기사나 그림, 사진에 혹해서 클릭 몇 번 하다 보면, 시간이 훌쩍 지나가 버린다. 심지어 뉴스 기사까지도 어떻게 하면 사람들의 관심을 낚아챌지 연구하고 또 연구해서 만들어낸 결괴물들이다. 물론 쇼츠나 릴스는 훨씬 더 중독적이다. 한두 개의 흥미로운 영상을 잠깐 보기 시작했는데 어느새 나의 관심사를 알아챈 알고리듬이 계속 영상을 제공해 내 시선을 그곳에 묶어둔다. 여간해서는 벗어나기가 어렵다.

셋째, 디지털 미디어 조절력을 아직 키우지 못해서다. 미국의 '미디어 비교연구 프로그램' 창립자 헨리 젠킨스 교수는, 건강한 미디어 문해력 교육 없이 온라인 수업을 개설하는 것은 범죄로 간주되어야 한다고 강조한다. 미디어 기기를 자주 사용한다고 해서, 미디어를 목적에 맞게 효율적으로 사용하는 법을 자동적으로 알게 되는 것은 아니기 때문이다. 특히 아이들은, 온라인을 통해 맞닥뜨리는 복잡한 사회 · 윤리적인 문제들을 어떻게 다루어야 하는지 모르고, SNS를 통해 유통되는 정보와 뉴스를 분별하는 것에도 미숙하며, 개인적인 책임감도 부족하다.

이렇게 중요한 것들은 가르치지 않은 채, 아이에게 스마트폰을 쥐어주면 부작용이 커질 수밖에 없다. 사용 시간의 제한, 어플 설치 제한 등의 규칙만으로는 부족하다.

만약 아이가 이미 스마트폰을 가지고 있다면, 이제는 올바른 사용법을 가르쳐야 할 때다. 스마트폰을 진짜 스마트하게 사용하는 법, 더불어 스마트폰에 대한 조절력을 키우는 방법을 알아보자.

조절력 향상 하우투

① 행동 규칙 가르치기

스마트폰은 빌려주지도 말고, 빌리지도 않아야 하며 타인의 것은 절대 만지지 않아야 한다고 알려주자. 친구가 잠깐 빌려달라고 할 때 거절하는 방법도 가르쳐주자. 친구 것을 잠깐 빌려 보다가 떨어뜨려 액정이 깨지는 경우도 있다. 남의 문자를 봤다, 안 봤다며 서로 비난하는 경우가 생기기도 한다. 비상 상황 시, 부모님이나 선생님께 전화하거나 긴급전화를 사용해야 하는 경우 외에는 절대 빌려서도, 빌려줘서도 안 된다는 사실을 가르치자.

특히, 사고의 위험성이 있으므로 핸드폰을 보면서 걷는 것은 절대 금지라고 알려줘야 한다. 그것이 얼마나 위험한 행동인지 자료를 통해 알려주는 것도 필요하다. 단, 너무 자극적인 문구의 기사나 사진 자료를 보여주는 것은 금물이다. 아이가 충격을 받지 않고, 경각심을 가질 정도의 적당한 자료를 찾아서 보여주면 충분하다.

② 꼭 필요할 때만 보기, 보관 장소 지정하기

스마트폰을 '꼭 필요할 때만 보기'는 의외로 많은 사람들이 지키지 못하는 규칙이다. 요즘에는 종일 스마트폰을 손에 쥐고 사는 사람들이 많다. 이렇게 스마트폰을 쥐고 있는 게 습관이 되면 스마트폰이 손에서 떨어지기만 해도 불안하다. 만약, 아이에게 그런 증상이 생긴다면, 부모가 아무리 스마트폰을 내놓고 자라고 해도 아이는 저항할 것이다. 이러한 과몰입과 중독 증상이 생기기 전에 미리 습관을 잘 들여놓자. 스마트폰 보관 장소를 미리 정해서 사용하지 않을 때는, 그곳에 놔두게끔 하자. 습관이 될 때까지 부모가 꾸준히 관리해줘야 한다.

③ 스마트폰 사용을 멈추게 할 때 필요한 말

무조건 끄라고 하면 아이는 힘들어 한다. 재미있는 드라마나 영화를 중간에 멈추기 힘든 것과 마찬가지다. 공연히 아이와 실랑이 하지 말고, 대신 이렇게 질문해야 한다.

"이제 끌 시간이야. 끄는 데 몇 분 걸리니?"

아이들은 대부분 5분 전후를 말할 것이다. 그 시간에 맞춰 마침내 아이가 스마트폰을 끄면, 제자리에 갖다 두라고 말하면 된다. '스마트폰의 제자리'는 자신의 손이 아니라 보관 장소임을 인식시키는 말이다. 아이의 스마트폰 조절력을 키우는 데 도움이 된다.

④ 스마트폰 사용 일기를 쓰게 하자.

하루 동안의 스마트폰 사용 내용을 기록하게 한다. 시간대 별로 사용 시간과 사용 내용, 총 시간을 확인해서 도움이 된 점이나 고칠 점을 적게 한다. 아이가 스마트폰 사용에 대한 자신의 마음을 들여다 볼 수 있도록 잠깐 대화를 나누는 것도 좋다. 그래야 '내가 이런 상황에서 이렇게 느끼는구나.', '그래서 내가 이런 생각을 하는구나.' 하고 자신의 마음을 챙기게 된다. 아이와 함께 아래처럼 대화해보자.

"유튜브가 안 끝났는데 멈춰야 하거나 학원 갈 시간이 됐을 때 네 마음은 어때? 어떤 감정이 들어? 무슨 생각이 들어? 그럴 때 어떤 생각을 하면 마음을 진정시킬 수 있어?"

여기에 내일의 스마트폰 사용 계획까지 쓸 수 있다면 완벽하다.

정보 검색 능력을
강화하라

💡 상황 예시

😊 **아이**　　요리사가 되고 싶어요.

😊 **선생님**　무슨 요리사?

😊 **아이**　　네? 그냥 요리사요.

😊 **선생님**　요리사에도 종류가 있어. 한식 요리사, 중식 요리사, 일식

　　　　　　요리사 등등. 그 중에서 어떤 쪽에 관심이 있니?

😊 **아이**　　잘 모르겠어요.

😊 **선생님**　요리사에 대해 찾아본 적 있니?

😊 **아이**　　없어요.

요리사가 되고 싶은데 왜 '요리사'라는 키워드를 한 번도 검색해보지 않았을까?

아이에게 요리사가 되고 싶은 이유를 물으니, TV에 나온 요리사가 멋있어 보였다는 대답이 돌아온다. 그럼, 그 요리사가 어떤 음식점을 운영하는지 아느냐고 묻자, 모른다고 답한다. 검색해본 적도 없다고 한다. 초등학생이라 그런 게 아니다. 중고등학생들도 손에 스마트폰을 쥐고 있으면서 정작 중요한 정보를 찾아볼 생각을 잘 하지 못한다. 아이가 중요한 정보를 검색하지 못하는 이유는 찾아보는 게 익숙하지 않기 때문이다.

'아는 게 힘'이고 '구슬이 서 말이라도 꿰어야 보배'라는 말은 고루한 옛말이 아니다. 아이는 바라는 게 있었지만, 진짜 필요한 정보를 찾을 줄 몰라서 그 바람을 구체화시키지 못했다. 오직 그 자리에서 아이와 함께 검색하고, 정보를 찾기 시작했을 때에야 아이는 비로소 목표에 대해 더 깊게 생각하기 시작했다. 정보를 찾아보는 연습은 이토록 중요하다.

알고리듬의 유혹도 제대로 된 정보 검색을 막는 하나의 요인이다. 예를 들어, 아이가 어려서부터 레고를 좋아했다고 해보자.

아이는 자신이 가지고 있는 레고 블록으로 우주선을 직접 만들고 싶었다. 우주선 세트를 사기에는 너무 비쌌기 때문이다. 하지만 정보를 찾는 와중에 문제가 생겼다. 인터넷 알고리듬이 계속 광고를 띄우기 시작한 것이다. 결국 처음의 의지는 사라지고, 그 멋진 레고 세트를 갖고 싶다는 생각에 온 마음을 빼앗겨, 이제는 사달라고 떼쓰는 지경에 이르렀다. 인터넷은 무서운 상업 논리로 아이의 성장 에너지를 소비 에너지로 바꾸어 버린다. 이래서는 아이가 건강하게 인터넷을 활용할 수 없다.

인터넷에 수많은 정보가 넘쳐난다 해도 적재적소에 필요한 정보를 찾지 못하면 아무 소용이 없다. 좋은 정보나 적절하고 유용한 정보를 잘 찾는 능력, 즉 정보검색 능력이 필요하다. 검색해서 알아보기만 해도 또 다른 궁금증이 생기고, 직접 가서 보고 싶어지고, 온몸으로 체험하고 싶어지는 게 사람 마음이다.

이제 아이에게 제대로 된 정보검색 능력을 키워주자. 불필요하고 자극적으로 유혹하는 정보들을 지워버리는 힘을 길러줘야 한다. 학교에서 주제 발표를 하게 됐다면, 유용히고 흥미로운 정보를 검색해서 순비할 수 있어야 한다. 이렇게 정보검색 능력을 갖추게 되면, 발표 울렁증이 있는 아이라도 설레는 마음으로 당당하게 발표할 수 있다. 그럴 경우, 아마 아이는 이런 말을 듣게 될 것이다.

"그런 걸 어디서 찾았어? 자료를 정말 잘 찾는구나."

💡 검색 능력 향상 하우투

① 검색 목표를 명확히 하기

무엇에 대해 찾고 싶은지 명확히 인지하고 시작하도록 해야 한다. 우리 동네의 유래에 대한 자료를 찾아야 한다면 무엇을 검색해야 할지 고민하는 게 당연하다. 예를 들어 '서울시 남산'에 대한 자료를 발표해야 한다면, 어떤 검색어를 키워드로 찾아야 하는지 아이에게 물어보자.

그냥 '남산'이라고 치면 파워링크, 위치설명, 방문자 리뷰, 맛집, 그 외에 남산과 관련된 다양한 주제의 글과 사진들이 모조리 뜰 것이다. 이래서는 엉뚱한 것에 정신이 팔리기 십상이다. 따라서 '지금 찾아야 할 게 무엇인지' 아이가 정확히 인지하도록 부모가 이끌어줘야 한다. "지금 우리는 '남산의 유래, 남산에 관한 역사'에 대해 찾을 거야"라고 말함으로써, 아이가 정보 검색의 목표를 한 번 더 인식할 수 있도록 도와주자. 그 목표를 메모하고 시작한다면 더욱 좋다.

② 키워드 생각하기

어떤 키워드로 검색해야 내가 찾으려는 자료를 바로 찾을 수 있을까? '남산의 유래와 역사'에 대해 알아보고 있다면, '남산, 유래, 역사' 이 세 단어를 검색해야 찾고자 하는 정보가 나온다. 그런데 남산이라는 지명이 다른 지역에도 있어서 자료를 추리다 보면, 이제는 좀 더 명확한 키워드로 검색해야 한다는 사실 역시 깨닫게 된다. 이렇게 아이가 찾고자 하는 것에 대한 적합한 키워드를 떠올릴 수 있게끔 옆에서 도와주자.

③ 다른 포털 사이트와 비교 검색하기

그동안 주로 네이버에서 정보를 찾았다면, 다른 포털 사이트도 함께 사용해보도록 권유해보자. 여러 포털 사이트에서 같은 키워드로 검색한 다음, 각각의 결과를 함께 비교하면서 각 사이트의 차이점을 발견하고 분석해보는 것도 재미있다.

예를 들어 구글의 경우, 사이트 첫 페이지에 다른 기사나 사진이 뜨지 않고 검색창만 뜬다. 그래서 현재 찾고자 하는 목표를 잊지 않고 바로 검색할 수 있다. 또한, 검색어를 치면 사진이나 영상 대신, 글로만 된 자료가 먼저 나오기 때문에, 다른 것에 시선을 뺏기지 않고 지금 찾고자 하는 정보에 좀 더 잘 집중할 수 있다.

④ 자료 걸러내는 능력 키우기

인터넷에서 검색한 자료를 그대로 죽 베껴서 숙제로 내는 아이들도 꽤 많다. 검색까진 했지만, 그중 어떤 자료를 선택해서 어떻게 전달할지에 대해 배우지 못했기 때문이다.

예를 들어, 남산을 조사했다면 검색을 통해 나온 정보들 중에서 자신의 생각을 기준으로 한 번 더 추릴 수 있어야 한다. 궁금한 것, 관심 있는 것, 재미있는 것 등등, 이렇게 자신의 기준에 맞춰 한 번 더 정보를 추리다 보면, '남산→ 남산의 역사와 의미 → 남산 타워→ 남산 타워에 있는 구경거리'처럼 하나의 포커스로 자료가 모아지고, 결국 나만의 훌륭한 자료를 마련할 수 있게 된다.

이런 과정을 아이에게도 알려주자. 아이와 함께 검색 키워드를 고민하고, 검색을 통해 나온 자료들 중에서 어떤 자료를 고를 것인지, 그게 발표할 만한 가치가 있는지 이야기 나누고, 자신의 발표 자료를 만들 수 있도록 도와주자. 이러한 과정이 아이의 정보검색 능력을 향상시킨다.

⑤ 영어로 검색해보기

영어를 잘 몰라도 괜찮다. 교과서 속의 영어가 아닌, 실제 생활에서 쓰이는 영어 자료를 볼 수 있다는 점에서 이 방식은 매우 유용하다. 번역 사이트를 통해 기사를 번역해서 볼 수도 있고, 외국 기사와 외국인들의 평가도 검색할 수 있기 때문에 세상의 정보를 얻는 시야가 매우 넓어진다.

미디어 문해력을 키워야 한다

① 오픈 채팅방에서 만난 친절하고 나를 잘 이해해주는 친구가, 휴일 날 직접 만나자고 한다.

② 초등학생도 할 수 있는 방학 아르바이트 발견. 문자를 대신 발송해주는 일이고, 손흥민 선수가 광고하고 있다.

③ 3만원짜리 쿠폰을 1만원에 판다는 중고거래 사이트 알림이 떴다.

아이에게 위와 같은 상황을 보여주고, 어떤 생각이 드는지 물어보자.

우리 아이는 유혹에 넘어가지 않을 수 있을까? 저런 내용들이 대부분 가짜 뉴스이거나 사기일 가능성이 매우 높다는 사실을 알고 있을까? 아이들은 날마다 유튜브, 틱톡, 페이스북, 인스타 등의 SNS를 사용하고 있다. 그 속에는 아이가 좋아하는 관심사에 대한 자극적인 영상과 사진들이 넘쳐난다. 그런데 문제는, 누구나 맘만 먹으면 그 자료들을 얼마든지 조작해서 자유롭게 올릴 수 있다는 사실이다.

아이가 정보 검색을 시작했다면, 이제는 자신이 검색한 정보가 진짜가 아닐 수도 있다는 사실을 알아야 한다. 아이는 아직, 미디어 세상을 보이는 그대로 믿어서는 안 된다는 것을 잘 모른다. 따라서 부모는 아이가 미디어를 접하기 시작할 때, 좋은 것과 나쁜 것, 유익한 것과 해로운 것, 가짜 뉴스와 진짜 뉴스, 거짓과 사실을 판단할 수 있도록 알려주고, 차단하도록 해야 한다. 그게 바로 아이의 미디어 문해력을 높이는 일이다.

게다가 쇼츠, 틱톡 같은 숏폼 영상은 아이를 스마트폰 과몰입으로 이끈다. 짧고 자극적인 내용 때문에 한번 보기 시작하면 1~2시간이 훌쩍 지나가 버린다. 심지어 아이들은 이러한 틱톡이나 릴스로 정보를 검색하고선, 개인이 근거 없이 만든 정보를 객관적인 정보라고 착각해버리기도 한다.

2021년 발표된 경제개발협력기구(OECD)의 〈국제학업성취도평가(PISA) 21세기 독자〉 보고서를 보면, 피싱 메일 식별을 통해 정보의 신뢰성을 평가하는 실험에서 한국의 15세 학생들의 디지털 문해력이 OECD 국가 중 최저 수준을 기록했다고 나와 있다. 뿐만 아니라, 주어진 문장에서 사실과 의견을 식별하는 능력도 최하위 수준을 기록했다. 심지어 정보의 주관성이나 편향성을 식별하는 교육에 대한 수준도 평균 이하였다.

인터넷 알고리듬은 내가 한 번이라도 검색한 정보와 비슷한 자료들을 끊임없이 내게 띄운다. 그 생각에서 벗어나지 못하게 만든다. 따라서 가짜 뉴스를 한 번이라도 클릭했다면, 계속 그와 관련된 기사와 영상을 화면에서 보게 되어 나도 모르게 점점 그 정보를 사실로 믿게 되는 어처구니없는 일도 벌어진다. 세상의 모든 정보를 클릭 한 번으로 볼 수 있는 편리한 인터넷 세상이지만, 그 세상이 아이러니하게도 아이의 세상을 더 좁고 편협하게 만들어서 아이의 통찰적 사고와 판단력의 발달을 방해할 수도 있다. 따라서 요즘 같은 미디어 세상에서는 현명한 판단력과 조절력을 갖는 게 너무나도 중요하다. 이제 우리 아이의 미디어 문해력을 키우기 위해 다음과 같은 일을 해보자.

① 알고리듬 벗어나기를 연습하자.

추천 영상의 끝없는 알고리듬에서 벗어날 줄 아는 것도 중요
하다. 다른 주제어를 검색함으로써, 현재의 알고리듬에서 벗어
날 수 있다는 것을 아이에게 알려주자. 또한 긍정적이거나 객관
적 근거가 있는 자료를 검색해서 알고리듬을 바꾸거나, 다른 검
색 포털을 이용하는 방법이 있다는 것도 알려주자.

예를 들어, SNS에 '집중력이 부족한 이유'를 검색했다면, 그
즉시 관련 정보와 영상들이 줄줄이 뜰 것이다. 그렇게 원인과 증
상을 설명하고 치료의 필요성을 말하는 영상과 온갖 병원광고
를 보다 보면, 어느새 집중력이 부족한 자신에 대해 부정적인 감
정을 갖게 될 수도 있다. 그럴 때는, 매일같이 관련 영상을 띄우
는 현재의 알고리듬에서 벗어날 필요가 있다. 다른 쪽으로 정신
을 환기시킬 수 있는 검색어를 쳐보거나, '집중 잘하는 법'처럼
좀 더 긍정적인 검색어를 사용해볼 수 있다. 그 과정을 몇 번 하
다 보면, 마침내 알고리듬이 바뀌게 된다는 사실을 아이에게 알
려주자.

② 가짜 뉴스 구분 능력을 키우자.

우리가 접하는 모든 정보와 뉴스, 소식들에는 작성자의 의도가 들어 있다. 사진 한 장, 문장, 심지어 단어 하나에도 그렇다. 그래서 정보의 출처를 확인하는 습관을 들여야 하고, 작성자의 특정 관점이 정보를 왜곡하고 있는지 확인하는 습관 또한 들여야 한다. 그렇지 않을 때, 우리는 자신도 모르는 새 가짜 뉴스나 허위 정보, 악성 루머를 믿고 퍼 나르는 일을 도맡아 하게 된다. 이른바 정보 전염병, 즉 인터넷과 미디어를 통해 악성 정보를 무차별적으로 전파시키는 현상에 일조하게 되는 것이다. 따라서 정보 전염병에 물들지 말아야 하고, 그것을 옮기는 사람도 되지 말아야 한다.

아이에게도 '모든 정보의 팩트를 꼭 체크해야 한다'고 말해주자. 어떠한 정보를 알게 됐을 때, 그에 관련된 믿을 만한 기사를 검색하고, 근거를 확인해보는 과정을 계속 연습시켜야 한다. 자신이 알게 된 정보와 뉴스에 대해서 항상 팩트를 체크하는 습관을 갖게 하는 게 중요하다.

③ 기사와 뉴스를 비판적으로 읽기

아이가 초등학교 3학년 이상이라면, 이제 비판적 사고력을 제대로 키워주어야 한다. 가짜 뉴스는 아니지만 한쪽만의 특정한 시각을 강조하는 기사 또한 무척 많다. 한 가지 기사를 골라서 아이와 함께 읽은 후, 질문하고 대화해보자. 좋은 질문은 비판적인 사고력을 키울 수 있다.

이 기사를 믿을 것인가, 비판적으로 따져볼 것인가?
글쓴이의 의도와 목적이 보이는가?
이 기사로 누가 이득을 보는가?
누구의 의견이 빠졌는가?
이 기사를 쓴 사람은 독자가 무엇을 느끼고 생각하기를 바라는가?

또한, 같은 사건에 대한 다른 기사도 비교해본다면 미디어 문해력을 잘 키울 수 있다.

④ 악성 댓글은 범죄

나와 생각이 다르거나, 기분 나쁜 기사나 정보를 봤을 때 어떻게 하는 것이 좋을지 아이와 이야기를 나눠보자. 아직 미성숙한 초등학생들은 충동적으로 악성 댓글을 달기도 한다. 심지어 한 조사 통계를 보면, 익성 댓글을 단 후에 재미를 느꼈다는 아이들의 응답이 거의 절반을 차지한다. 그만큼 미숙하고 충동적으로 행동하는 경향이 강하다는 의미다. 그러니 악성 댓글로 피해를

본 경우와 처벌받은 사례를 알려주자. 더불어, 온라인상에서 악성 댓글을 다는 것은, 현실에서 친구를 놀리거나 뒷담화를 하거나 욕하는 것만큼 나쁜 행위이며 범법행위임을 알려줘야 한다.

⑤ 챗GPT는 진실만을 말할까?

챗GPT에게 질문한 다음, 사실을 확인하는 과정을 연습시켜보자. 광개토대왕, 독도, 이순신 장군, 유관순 등 우리가 잘 알고 있는 인물이나 사실에 대해 검색해보고, 챗GPT의 대답이 얼마나 정확한지 팩트를 체크해보자.

2024년 4월에, '광개토대왕'이라는 검색어를 입력하자 챗GPT가 아래와 같은 대답을 내놓았다.

광개토대왕은 한반도를 통일한 고려의 건국자로, 고구려 출신인 박제(朴提)로 알려져 있습니다. 광개토대왕은 3세기 후반부터 4세기 초반에 걸쳐 활동했으며, 후백제를 정복하고 신라와의 연합을 통해 고구려를 정복하여 한반도를 통일하였습니다. 그는 전략적인 능력과 외교적인 재주로 유명하며, 불교를 보급하고 개량하여 고구려와 백제의 종교와 문화를 통합했습니다. 광개토대왕은 고려의 건국과 한반도 통일에 큰 공헌을 한 인물로 평가되고 있습니다.

이 중, 이상하다고 느낀 점이 있는지 물어보자.

의문 1: 후백제를 정복하고, 신라와의 연합을 통해 고구려를 정복하여 한반
도를 통일한 사람이 광개토대왕인가? 진짜 그러한가?

의문 2: 고구려, 백제에 불교를 보급한 사람이 광개토대왕인가? 진짜 그러
힌가?

의문 3: 고려를 건국한 사람은 누구인가? 광개토대왕이 맞는가?

의문을 느낀 점에 대해 직접 검색해서 확인하게끔 해야 한다. 챗GPT의 답변이 그럴 듯해 보이지만, 실제로 조사해본 결과 거짓인 부분이 더 많았다. 부모도, 아이도 챗GPT의 한계와 문제점을 제대로 인식하면서 사용해야 한다. 또한 챗GPT의 답변이 질문 키워드에 따라 조금씩 달라진다는 사실도 알고 있어야 한다.

이렇게 답변에서 오류를 찾아 확인하는 과정을 퀴즈 놀이하듯 흥미롭게 진행해볼 수도 있다. 미디어 문해력도 높아지고 덤으로 지식도 쌓게 된다. 재미를 높이기 위해, 로봇 목소리를 흉내 내며 유머러스하게 다음과 같이 말해보자.

"챗GPT가 설명한 내용 중 다음 사항은 잘못된 것으로 확인되었습니다."

창조적 크리에이터 능력을 키우자

💡 상황 예시

아이   나도 유튜브에 나오고 싶어.

엄마   엄마는 채널 만들 줄 모르는데.

아이   친구도 엄마가 해줘서 유튜브에 레고 만드는 거 올렸단 말이
야. 난 로봇 조립하는 거 찍어서 올리고 싶어. 엄마가 찍어서
올려줘.

엄마   아니, 그런거 해서 뭐 하게. 그 시간에 공부 더 하면 좋지.

♪텔레비전에 내가 나왔으면 정말 좋겠네, 정말 좋겠네.♬

누구나 어릴 적, 이 노래를 부르며 TV에 나오는 자신의 모습을 상상하곤 했다. 많은 사람들의 관심을 받는 모습이 부러웠기 때문이다. 요즘 아이들도 마찬가지다. 다만 달라진 점은, 이제는 TV보다는 유튜브의 주인공이 되고 싶어 하고, 스스로 유튜버가 되고 싶다는 소망을 갖는다는 점이다. 아이들에게 유튜브 크리에이터는 너무나도 매력적이다. 초등학생들의 희망 직업 상위권을 차지한 지도 오래되었다.

만약, 우리 아이가 유튜버가 되고 싶어 한다면, 어떤 반응을 보여야 할까? 이때는 허락과 거절의 대화가 아닌, 아이가 그려보는 크리에이터가 어떤 모습인지, 어떤 이유로 되고 싶어 하는지에 대해 이야기를 나눠봐야 한다. 자유롭게 할 수 있어서, 하고 싶은 말을 할 수 있어서, 많은 사람들이 봐주고 돈도 벌 수 있어서, 유명해질 수 있어서 등 아이의 이유는 다양할 것이다.

그리고 이보다 더 중요한 과정이 하나 더 남아 있다. 그 바람을 어떤 방법으로 실현할 것인지에 대해 이야기해봐야 한다. 구독자나 SNS 팔로워 수를 늘리려고 가짜 정보를 올리거나 자극적인 내용을 올리면 안 된다는 것도 알려주자.

크리에이터를 위한 디지털 윤리 체크리스트

〈저작권 침해 관련〉 이미지, 글꼴, 음원, 안무, 캐릭터, 언론 기사 등에 관해 원 저작자의 사용 동의를 받았나요? 그것에 대한 출처를 표시했나요?

〈명예훼손 관련〉 사실이든 아니든 특정인이나 단체 등을 비방하거나 명예를 훼손할 만한 내용을 포함하고 있나요?

〈개인정보침해 관련〉 특정인의 주민등록번호, 전화번호, 주소 등의 전체 또는 일부, 나이, 재산, 학력, 직업, 취미, 성향 등 프라이버시를 침해하는 내용을 포함하고 있나요?

〈초상권 침해 관련〉 특정인의 얼굴 등을 알아볼 수 있는 사진이나 영상을 포함하고 있나요? 그렇다면 그것에 대한 동의를 받았나요?

〈혐오 표현 관련〉 특정인이나 단체 등에 대한 모욕이나 혐오 발언, 정치 · 사회 · 문화적으로 논란이나 편향을 유발하는 내용을 포함하고 있나요?

〈가짜 뉴스 관련〉 어떤 정치적, 경제적 목적을 가지고 사실이 아닌 내용을 뉴스처럼 꾸면서 발표하고 있나요? 또는 그런 가짜 뉴스를 인용하고 있나요?

〈폭력적, 선정적, 위험한 콘텐츠 관련〉 위험을 초래할 수 있거나 폭력적이거나 선정적인 내용, 욕설, 비속어 등을 포함하고 있나요? 특히 어린이나 동물을 자극적으로 이용하거나 학대하는 내용이 있나요?

〈콘텐츠 조작 관련〉 흥미를 유발하기 위해 콘텐츠를 조작하거나 허위로 가공한 내용을 포함시켰나요?

〈광고 관련〉 소정의 대가를 받은 제품을 홍보하는 경우, 광고임을 명확히 표시했나요? 그리고 홍보하는 내용이 실제 경험에 근거하고 있나요? 개인, 공인, 사회적 정의에 위배되지 않게 책임을 다해 제작된 콘텐츠인가요?

_〈크리에이터가 알아야 할 디지털 윤리역량 가이드북(방송통신위원회)〉 중에서

어쩌면 요즘 세상에서 아이가 가져야 할 중요한 능력 중 하나가 바로 크리에이터 능력이지 않을까 싶다. 어떤 분야의 직업을 가지든 크리에이터 능력을 키우는 건 매우 중요하다. 그러니 생산적으로, 건설적으로 그 능력을 키울 수 있도록 아이를 도와주자. 미디어의 수동적 소비자가 아닌 주도적이고 능동적인 창조자가 될 수 있도록 아이의 능력을 키워주자.

💡 창조적 능력 향상 하우투

① 스마트폰을 생산적으로 활용하는 방법

사진을 찍어서, 사진 일기를 써보게 하자. 관심 있는 주제의 영상을 찍어 블로그에 올리게 하는 것도 좋다. 집 앞의 나무를 똑같은 위치에서, 똑같은 구도로 일주일에 한 번씩 찍어서 올리는 것을, 일 년 동안 하면 그 자체로도 훌륭한 기록이 된다. 아빠와 아이가 일 년에 한 번씩 똑같은 포즈로 30년 동안 찍는다면, 그 30장의 사진이 곧 그들의 역사가 되고 스토리가 되어 보는 사람의 감동을 불러일으킨다. 기록이야말로 생산적인 활동인 것이다.

② 관심 있는 기술을 유튜브로 배우자.

아이가 좋아하는 활동, 예를 들어 종이접기, 스티커 만들기,

기타 치기, 영상 만들기, 유튜버 되는 법 등을 유튜브 영상을 통해 배워볼 수 있다. 아이는 이 과정을 통해, 필요한 정보와 콘텐츠를 주도적으로 찾아 유용하게 학습하는 법을 익힐 수 있다.

스티커를 좋아하는 아이라면, 스티커 만드는 영상을 보여주면서 이렇게 말해볼 수 있다.

"영상처럼 만들고 싶다면, 필요한 재료 메모해서 엄마한테 알려 줘."

처음엔 그냥 영상만 보던 아이라도, 시간이 지나면서 자신이 직접 만들 수 있다는 것에 흥미를 느끼고, 결국 필요한 재료를 적어서 사달라고 요청할지 모른다. 만약, 그림을 그려서 혹은 좋아하는 캐릭터 사진을 오려서 스티커를 만드는 과정을 직접 체험한다면, 유튜브도 이렇게 생산적으로 이용할 수 있다는 사실까지 배우게 될 것이다.

③ 기록물을 만들고 소셜 미디어에 올리자.

관심 있는 것에 대해 글을 쓰거나 그림을 그리거나, 만들고, 사진을 찍고, 영상을 제작하거나 해서 개인 블로그나 개인 계정에 올려보게끔 하자. 단, 처음엔 비공개로 올리고 한두 번 더 점검해서 공개해도 된다는 생각이 들 때 공개하도록 하는 게 좋다. 물론 이 과정이, 디지털 윤리에 맞는지 체크하면서 진행하도록 해야 한다.

④ 유튜브 영상 만들기

아이가 유튜브 크리에이터가 되고 싶어 한다면, 영상 찍는 법, 편집하는 법, 계정을 만들어서 올리는 법 등을 배우게 하자. 이렇게 진지하게 접근해야 아이도 진지하게 고민하기 시작한다. 관련 어린이용 책들을 찾아서 권해보자.

막상 공부를 시작하면, 아이는 처음 보는 낯선 단어들과 설명 때문에 한 과정을 따라가는 것만으로도 엄청난 집중력과 에너지를 사용하게 될 것이다. 의도치 않게, 진짜 공부를 하게 되는 것이다. 그렇게 끈기를 가지고 모르는 것을 다시 찾아보는 과정을 통해 공부력도 발전하게 된다. 그러니 아이가 유튜브 채널을 만들고 싶어 한다면 기꺼이 응원하면서 그 과정을 한 단계씩 차근차근 경험할 수 있도록 도와주자.

6장

집에서도 쉽게 하는
집중력up 솔루션

신체 활동이
집중하는 두뇌를 만든다

엄마 A 아이가 학원도 잘 다니고 책상에 앉아서 숙제도 열심히 하는데 결과가 안 좋아요.

엄마 B 우리 애가 ADHD가 의심된대요. 약은 먹이고 싶지 않은데 어떤 훈련을 하는 게 좋을까요?

엄마 C 아이 친구는 매일 놀이터에서 뛰놀고, 학원도 별로 안 다니는데 왜 성적이 좋을까요?

책상 앞에 오래 앉아 있다고 해서 과연 집중을 잘하게 될까? 절대 그렇지 않다. 사람의 몸과 뇌는 밀접한 연결망으로 이어져 있기 때문에 신체 기능이 떨어지면 뇌 혈류량도 줄어들어 당연히 학습 집중도도 떨어지고 기억에도 문제를 일으킨다. 한마디로 인지 기능이 저하되는 것이다.

보스턴 어린이병원의 컴퓨터 신경과학실 카테리나 스태몰리스(Caterina Stamoulis) 박사팀은, 9~10세 사이의 어린이 6,000명의 뇌자기공명영상(fMRI) 데이터를 분석한 결과, 신체 활동이 두뇌 네트워크와 강력한 연관이 있다는 사실을 확인하였다. 즉, 신체활동이 발달 과정에 있는 어린이의 뇌 영역 전체에 긍정적인 영향을 미친다는 사실을 발견해낸 것이다. 높은 수준의 신체 활동에 참여한 아이들의 경우, 집중력과 감각 및 운동처리 기능, 기억력과 의사결정력, 행동을 계획하고 조정하고 제어하는 실행력 등에서 매우 유의미한 결과를 보였다.

연구팀은, 신체 활동이 많을수록 뇌가 더 유연하게 활성화되며, 따라서 높은 수준의 사고력과 주의력을 발달시키기 위해서는 어린이의 신체활동이 매우 중요하다고 강조했다. 특히, 10대 초반은 두뇌 발달에 매우 중요한 시기로, 이때 고차원적인 사고를 지원하는 뇌의 회로에 많은 변화가 생기는데, 이 부분이 잘 발달되지 못하면 충동적이고 위험한 행동으로 이어질 수 있으며 학습과 추론에 필요한 두뇌 기능의 장기적인 결핍을 가져올 수 있다고 경고했다.

이뿐만이 아니다. 미국 일리노이주립대와 하버드 의과대학 연구팀이 함께, 초·중·고 학생들을 대상으로 운동량과 학업 성취도의 상관관계를 알아보는 연구를 진행했는데, 그 결과 활동량이 적은 학생들일수록 시험과 학업 성취도에서 상대적으로 낮은 점수를 받은 것으로 나타났다. 캐나다의 학습장애자 대안학교에서도 수업 전 아이들에게 20분간 러닝머신과 자전거 운동을 하게 한 결과, 5개월 후 모든 학생의 작문, 수학, 독해 등의 점수가 향상된 것으로 나타났다. 결국, 우리 아이의 집중력을 높이려면 신체활동이나 운동을 꼭 하게 하는 것이 중요하다는 점을 알 수 있다.

그렇다면 어떤 신체활동이 좋을까. 카테리나 스태몰리스 박사는 어떤 신체활동을 하는지는 중요하지 않으며, 활동적으로 움직였다는 게 중요하다고 말한다. 그러니 특별한 준비 없이 뛰고 달리는 놀이나 움직임만으로 충분하다. 즉, 부모와 함께 줄넘기를 하거나 배드민턴을 치는 시간, 친구들과 뛰어노는 시간을 확보하는 게 곧 집중력 발달의 근간을 챙기는 일인 셈이다.

💡 집중력 향상 하우투

아이가 즐기면서 지속적으로 할 수 있는 신체활동을 찾아보자.

① 아이 기질에 맞는 활동을 찾아라.

아이가 줄넘기, 캐치볼, 배드민턴 등 한두 명과 함께 하는 활동을 좋아하는가? 축구, 농구처럼 여럿이 몸을 부대끼며 하는 활동을 좋아하는가? 자유로운 활동을 좋아하는가? 규칙과 팀워크와 전략 전술이 필요한 활동을 좋아하는가?

어른들도 헬스나 요가가 맞는 사람이 있고 아닌 사람이 있다. 부모가 바라는 운동이 아닌, 아이의 기질에 맞는, 아이가 쉽게 즐기면서 할 수 있는 운동을 찾는 게 중요하다.

그 중, 춤추기는 특히 도움이 된다. 몸과 머리를 같이 쓰기 때문이다. 춤에도 다양한 종류가 있으니 아이에게 잘 맞는 춤의 종류를 찾아 시작해보자. 유튜브를 보며 엄마 아빠와 함께 춤을 추는 깃도 무척 효과적이다.

② 사회성에 도움 되는 신체활동을 찾아라.

아무리 아이에게 잘 맞는다 해도 계속 혼자 하는 활동만 하다 보면, 아이가 고립될 수 있다. 그러니 친구들 한두 명과 함께 할 수 있는 활동도 찾아보자. 공 주고받기나 단체 줄넘기도 좋다. 군무로 추는 라인댄스도 좋다. 열심히 춤추고 운동하면서 함께 즐거움을 느끼고, 함께 성취감을 맛보며 마음이 통해본 경험은, 아이의 정서와 인지 발달 모두에 좋은 영향을 미친다.

③ 인지적 도전이 있는 활동을 찾아라.

신체 기술이나 운동 실력이 향상되는 경험 역시 중요하다. 아이들이 태권도 띠 색깔에 자존심을 거는 이유도, 그것이 바로 자존감의 증거가 되기 때문이다. 꾸준히 실력을 키워가는 것이 중요하다. 줄넘기를 시작했다면 모둠발 뛰기에서 한 발 뛰기, 구보 뛰기, 뒤로 뛰기, X자 뛰기, 쌩쌩이라 불리는 2단 뛰기까지 꾸준히 실력을 쌓아나가면 좋다. 둘이 함께 뛰는 짝 줄넘기도 좋고 더 많은 기술을 배울 수 있는 음악 줄넘기도 좋다. 이렇게 한 가지 운동을 선택해서 그 안에서 실력이 향상되는 것을 직접 경험해보는 일은 꽤 즐겁다. 등급을 따는 것에 의미를 두기 보다는 신체 능력의 향상이 가져다주는 순수한 기쁨을 맛볼 수 있도록 도와주자.

④ 시지각 운동 협응력 놀이

운동 신경이 좋다는 말은 자극에 관한 순발력, 민첩성, 균형능력, 스피드, 협응력이 좋다는 뜻이다. 이 중에서, 협응력은 근육과 신경, 감각과 신체 기관의 상호조정 능력을 의미한다. 협응력을 키우기 위해서는 집중해야 한다. 원래 운동 신경이 없다고 해서 포기해서는 안 된다. 신체 능력은 자주 반복하다 보면 늘게돼 있다. 특히 시지각 협응력은 두뇌 발달과 밀접한 관련이 있으므로, 시각, 청각, 촉각 등 여러 감각 신경을 활용하여 빠르게 반응하는 신체활동 놀이를 해보는 게 좋다.

캐치볼, 배드민턴, 탁구 등이 여기에 속한다. 장소가 마땅치 않다면, 풍선 배드민턴, 플라잉 디스크, 플레이 스쿠프, 폼볼 등 다양한 상황에서 부담 없이 해볼 수 있는 놀이들로 대체해볼 수 있다. 아이와 함께 눈으로 보고 손으로 잡고 몸을 움직이면서 우리 아이의 시지각 협응력을 키워주자.

환경 요소가
집중력을 좌우한다

🔆 **상황 예시**

😟 **엄마** 아이가 뭘 해도 진득하게 하지를 못해요. 조금만 다른 소리
가 나도 꼭 나와서 확인해야 하고, 거실에서 TV라도 잠깐 틀
면 그것도 시끄럽다고 핑계 대며 집중하지 못해요. 그뿐만이
아니에요. 숙제 한다고 하길래 조금 있다가 방에 들어가 보
면 또 딴짓하고 있어요. 책상 앞에 있는 캐릭터로 놀고 있다
니까요. 집중 못할 때 환경 자극을 없애라고 해서 정말 많이
없애고 조심하는 데도 별로 달라지지 않아요. 어떻게 해야
하나요?

이런 경우, 아이를 탓하기 전에 먼저 아이가 집중하지 못하는 이유부터 찾아야 한다. 나중에 아이가 스스로의 의지로 집중력을 조절할 수 있을 때까지는 부모가 먼저, 아이가 집중하지 못하는 원인을 파악해서 그 원인을 제거하고, 동시에 더 잘 집중할 수 있는 환경을 제공해주어야 한다.

일단, 아이의 집중력이 부족할 때 가장 먼저 해야 할 일은 집중이 잘 되는 환경을 만들어주는 일이다. 이전 상황 예시에서도, 환경의 중요성을 알고 방해가 되는 요소들을 제거해주었다고 엄마는 말한다. 그런데도 아이는 집중하지 못했다. 이유를 제대로 알아보자.

첫째, 시각 환경을 점검해보자. 오죽하면 견물생심이라는 말이 생겼을까? 눈으로 보면 없던 마음도 생긴다. 그리고 아이들은 아주 작은 단서 하나만으로도 상상의 나래를 펼칠 수 있다. 책상 앞에 놓여 있는 캐릭터 인형 하나가 바로 그린 역할을 할 수도 있다.

물론 시각 환경을 정돈하여 효과를 얻는 정도는 아이마다 조금 다를 수 있다. 쉽게 다른 자극에 휩쓸리는 아이라면 책상 앞,

아이 시선이 머무는 곳은 중점적으로 정리해서, 집중력을 높일 수 있는 환경으로 만들어줘야 한다. 할 일과 다 한 일을 메모로 붙여두는 것도 좋다. 시각적 환경을 통해서 아이가 어떤 생각을 하게 만들 것인가를 늘 염두에 두자.

둘째, 청각 환경을 고려해야 한다. 외부 소리, 거실의 TV소리 때문에 할 일을 방해받은 경험은 누구에게나 있을 것이다. 지금 아이 옆에 앉아 무슨 소리가 들리는지 들어보자. 자동차 소리, 오토바이 엔진음, 옆집 어딘가에서 뭔가를 두드리는 소리, 엘리베이터 소리, 그 와중에 누군가가 우리 집 벨을 누른다면? 택배가 도착했다면? 해야 할 일에 대한 아이의 집중력은 순식간에 사라지고, 그저 택배 상자를 열고 싶은 마음만 가득해질 것이다. 그러니 아이의 기질에 맞춰서, 청각적인 환경도 조절해주어야 한다.

다른 환경 자극도 양향을 미친다. 너무 덥거나 춥거나 습도가 높거나 날이 흐리거나 비가 오거나 하면, 우리의 마음은 평정심을 잃게 된다. 결국, 집중력은 떨어질 수밖에 없는 것이다. 그러니 날씨나 기후 등이 우리 아이의 마음을 얼마만큼 흔드는지도 알아봐야 한다.

이렇게 주변의 시각적, 청각적 환경은 아이의 집중력을 자기 멋대로 좌지우지한다. 한번 무너진 집중력을 회복하는 데는 꽤 많은 시간이 걸리는데, 우리의 두뇌 모드가 생각처럼 원활하게 바뀌지 않기 때문이다. 그러니 아이의 집중력을 위해서 환경 관리에 특히 신경을 쓰면 좋다.

💡 집중력 향상 하우투

① 시각 환경 개선하기

시각적인 방해물을 제거하자. 아이들은 흔히 자신의 책상 앞에 좋아하는 캐릭터 인형이나 카드, 다양한 문구류를 놔두는데, 정말 집중해야 하는 과제를 할 때는 이러한 시각 자극은 가려두거나 위치를 바꾸어야 한다. 캐릭터를 볼 때마다 아이는 머릿속으로 그 캐릭터가 등장하는 애니메이션, 그것과 관련된 친구와의 에피소드로 상상 여행을 떠날 수 있기 때문이다. 그러니, 시선이 머무는 곳에는 오늘의 할 일 계획표, 해야 할 목록, 관련 책과 자료 등을 배치하는 게 좋다.

특히, 컴퓨터로 자료를 검색하고 정리하는 일이 많다면, 컴퓨터 앞에 앉았을 때 눈에 잘 보이는 곳에 할 일 리스트를 적어두는 것이 좋다. 인터넷 바다에서 잠시 길을 잃어도 다시 어디로 돌아와야 할지 그 리스트가 명확한 방향을 알려주기 때문이다.

② 청각 환경 개선하기

말소리, 전화 받는 소리, TV소리, 음악 소리들은 의도적으로 조절할 수 있다. 반면 층간 소음이나 외부에서 나는 소리는 조절하기 어렵다. 너무 시끄러운 환경이라면 귀마개가 필요하다. 소리 차단기능이 있는 이어폰이나 헤드폰을 사용해보게 할 수도 있다.

③ 정서 환경도 중요하다.

아이는 엄마 아빠의 감정과 기분에 매우 민감하다. 엄마의 불편한 표정, 아빠의 화난 목소리에 온몸이 긴장되고 불안해진다. 그것이야말로 가장 강력한 환경 자극이다. 부부싸움에 노출되는 것은 더욱 나쁘다. 아이의 정서가 불안정해지면 집중력은 멀리 도망가 버린다. 그러니 부부싸움은 아이들 앞에서는 절대 하지 말아야 한다. 부부싸움에 자주 노출된 아이는 엄마의 목소리 톤이 조금만 달라져도 긴장하게 된다. 이래서는 집중력이 발달하기 어렵다.

그러니 평화로운 가족 환경은 너무나도 중요하다. 부모가 만드는 정서적 환경이 아이의 집중력을 좌우한다는 사실을 꼭 기억하도록 하자.

단, 이렇게 시각적, 청각적 환경을 개선해도 아이가 잘 집중하지 못한다면 그때는 신체 활동을 개선해야 한다. 산만해지거나 정신 에너지가 회복되지 않을 때는 그 상태로 쉬는 것도 좋지만, 빠른 걸음으로 산책하기, 계단 오르기, 줄넘기 등의 신체활동을 잠깐 하고 나면, 훨씬 더 효율적으로 집중력을 회복할 수 있다.

④ 녹색 환경 제공하기

녹색 식물이 있는 장소와 없는 장소에서 초등학생들에게 각각 수학문제를 풀게 하고, 그들의 정신·생리적 반응을 관찰해 보았더니 그 결과, 식물이 있는 상태에서 수학문제를 푼 아이들이 더 빠르게, 더 많이 풀었다는 결과가 나왔다. 정답률도 더 높았다. 심지어 녹색식물을 바라볼 때 졸리거나 잡념이 많은 상태에서 주로 나타나는 전두엽의 세타파가 눈에 띄게 감소했으며, 주의집중력과 주관적 쾌적감도 높아졌다.

그러니 집중력이 필요할 때 녹색 식물을 잘 활용해보자. 식물을 돌보는 것과 같은 원예 활동 역시 집중력과 정서 안정에 좋은 영향을 미친다. 함께 화원에 가서 아이가 좋아하는 식물을 골라보는 것도 좋다. 기왕이면 집중력에 도움이 되는 식물을 함께 검색해보자. 식물이 숙제 집중력을 좋게 해준다는 설명을 들으면 아이도 재미있어 할 것이다.

자발적 탐구 프로젝트가
몰입으로 이끈다

A 너, 사람들이 바퀴를 언제 발명했는지 알아?

B 몰라. 언제야?

A 힌트, 고대 이집트 피라미드 그림에 수레 그림도 나오잖아.

B 우와, 그럼 몇 천 년쯤 되었겠네.

A 응, 5500년 전쯤에 만들어졌대. 통나무를 밟고 미끄러진 경
험이 있었던 원시인이 무거운 사냥감을 운반할 때 통나무를
이용한 게 처음이래. 그래서 나중에 피라미드나 고인돌을 만
들 수 있었고.

B 야! 멋지다. 넌 그런 거 어떻게 알았어?

A 자동차가 너무 궁금해서 이것저것 알아보다 알게 된 거야. 책에서 봤어.

우리 아이, 어떻게 알았을까?

상황 예시 속 A는, 관심 주제를 탐구하는 태도를 갖추고 있다. 아이가 모든 것을 학교에서 배우는 건 아니다. 더 많은 것들을 가정과 사회, 그리고 책에서 배운다. 그런데 대부분은, 배운 지식들을 단편적으로 기억하거나 잊어버리는 경우가 더 많다. 만약, 잊어버리는 대신 한 발 더 나아가 깊은 원리를 탐구하거나 기존의 지식들을 잘 응용하여 새로운 것을 연구하고 탐구한다면 어떨까?

아이는 궁금한 것을 스스로 탐구하는 과정에서 자발성과 집중력을 엄청나게 발휘한다. 그러니 아이가 능동적인 학습자, 주도적 학습자가 되기를 바란다면, 관심 있고 흥미 있는 주제를 탐구하고 연구하는 아이의 능력을 키워줘야 한다.

우산을 털다가 친구의 얼굴을 친 경험이 있었던 한 아이는, 이러한 일을 막으려면 어떻게 해야 좋을지 연구하기 시작했다. 결국 그 아이는, 우산 꼭지 안의 스프링과 받침 살을 연결해서 우산 꼭지를 바닥에 대고 누르면 위아래로 움직여 빗물을 털어내는 기구를 발명해냈다. 그리고 그것으로 초등학교 5학년 때 학생발명전시회에서 과학기술정보통신부 장관상을 받았다.

11세의 기탄잘리 라오 역시, 식수에서 납 성분을 조기 검출해내는 장치인 '테티스'라는 휴대용 탐지기를 만들어 '미국 최고의 젊은 과학자상'과 '환경보호 대통령상'을 수상했다.

요즘 아이들이 워낙 일찍부터 많은 것을 배우기 때문에 이러한 일들이 가능한 걸까? 그렇지 않다. 호기심과 더 알고 싶어 하는 마음, 혹은 불편함을 해결하기 위해 생각하고 고민하는 과정이 바로 이러한 결과를 낳았다. 이렇게 스스로 탐구할 때, 그 순간만큼은 아이의 집중력을 그 누구도 방해할 수 없다. 그러니 초등학생은 아직 어리다는 마음, 공부만 해야 한다는 고정관념에서 벗어나자. 자신이 관심 있는 것에 대해, 혹은 불편함을 해결하고 싶어 하는 것에 대해 연구하고 탐구하도록 아이를 도와주자.

그런데 문제가 있다. 정작 어떻게 가르쳐야 할지 막막하다는 점이다. 그러나 핵심은 궁금증을 가지고 알아보고 고민하는 그 과정 자체에 있다. 거창한 주제가 아니어도 상관없다. 그렇게 무언가를 찾고 관찰하고 생각하는 과정이 아이의 집중력을 최상으로 높여준다. 그러니 우리 아이가 관심 있는 것에 대해 자발적으로 탐구 프로젝트를 실행할 수 있도록 도와주자.

🔅 탐구력 향상 하우투

① 그림책으로 연구 방법 배우기

모델 학습은 모든 학습의 시작이다. 아무것도 없는 맨바닥에서 연구해 보라고 하면 시작하기도 전에 지친다. 흥미로운 사례를 보여주어야 호기심과 동기가 생긴다. 초등학생이 탐구 방법을 배우는 데 참고할 만한 아주 훌륭한 그림책들을 여기에 소개해 놓았다. 《나의 머리카락 연구》, 《매일 입는 내 옷 탐구생활》, 《어슬렁어슬렁 동네 관찰기》, 《친구 마음 탐구생활》 등등, 이 책들을 읽다 보면 저절로 탐구 주제에 대한 아이디어가 떠오를 것이다. 일단 이 중에서 《나의 엉뚱한 머리카락 연구》 책을 참고해 보자.

② 관찰 주제 정하기

《나이 엉뚱한 머리카락 연구》의 주인공은, 어느 날 우연히 머리카락에 관심을 갖게 된다. 사람들의 다양한 머리 모양들, 어릴 적부터 지금까지의 머리 모양, 아침부터 저녁까지의 머리 모양의 변화, 머리를 감고 말리는 방법, 빗의 종류들 등등. 이렇게 머리카락만으로 많은 생각을 하다가 돌연 자신이 다니는 학교 아이들의 머리카락에 대해서도 궁금증이 생긴다. 그리고 드디어 심층 연구가 시작된다. 그렇게 주인공은 학교 앞에서 하교하는 학생들을 관찰하기 시작한다. 교문 밖으로 나오는 학생들의 머리카락 모양을 관찰하고 기록해서 통계를 낸다. 통계라고 해서 어려운 게 아니다. 밤톨 머리, 한 갈래로 묶은 머리, 단발머리, 고슴도치 머리, 모자 쓴 머리, 머리띠를 한 머리 등등 머리 모양에 따라 구분하고 각각의 수를 세어서 표에 기록한다. 과연 30분 동안 관찰한 학생들의 머리 스타일 중 어떤 머리 모양이 가장 많았을까?

이제 이 책을 보면서 아이와 함께 주제를 정해 관찰해보는 시간을 가져보자. 초등 시기에 이 정도 통계를 내보는 경험은 매우 중요하다. 《나의 엉뚱한 머리카락 연구》에 나오는 통계표 예시를 보고 따라해 볼 수도 있다.

③ 기록이 중요하다.

이 과정을, 아이의 일상에서도 다양하게 응용해볼 수 있다. 아이가 용돈을 올려 달라고 할 때, 친구들의 용돈 금액을 알아보고, 표로 만들어 비교해보라고 요청할 수도 있다. 반 친구의 이름을 쓰고, 친구들이 일주일에 얼마를 받는지, 주로 어디에 용돈을 사용하는지 등을 물어보고 기록하다 보면, 아이 스스로 적정한 용돈 금액을 결정할 수도 있게 된다.

④ 응용하고 실천해보는 일이 중요하다.

만약 아이가 반장이 되고 싶어 한다면, 친구들의 마음을 탐구해야 한다. 어떤 아이를 반장으로 뽑고 싶은지 친구들의 생각을 알아보는 과정을 설문지 방식으로 진행해볼 수도 있다.

	친구1	2	3	4	5	6	7	8	9	10
친절하고 배려 잘하는										
재미있는										
공부 잘하는										
리더십 있는										
깨끗하고 단정한										
선생님 말씀을 잘 듣는										
발표 잘하는										

이렇게 아이가 자신의 관심사를 탐구하도록 도와주자. 꾸준히 책과 자료를 찾고 발견한 것을 기록한다면 훌륭한 탐구 결과를 얻을 수 있게 된다. 물론, 그 과정에서 아이의 집중력 또한 눈부시게 발전할 것이다.

표와 그래프
읽는 능력 키우기

초등학교 4학년 아이들을 두 팀으로 나눈 다음, A팀에게는 삼 각형과 사각형에 대해 말로만 설명해주었고, B팀에게는 표를 보 여주면서 똑같이 말로 설명하였다.

A팀)

삼각형은 각이 3개, 변도 3개이며, 세 각의 합은 180도이다. 정삼각형, 직 각삼각형, 이등변삼각형, 예각삼각형, 둔각삼각형이 여기에 포함된다.

사각형은 각이 4개, 변도 4개이며, 네 각의 합은 360도이다. 정사각형, 직사각형, 평행사변형, 마름모, 사다리꼴이 여기에 포함된다.

B팀)

삼각형은 각이 3개, 변도 3개이며, 세 각의 합은 180도이다. 정삼각형, 직각삼각형, 이등변삼각형, 예각삼각형, 둔각삼각형이 여기에 포함된다. 사각형은 각이 4개, 변도 4개이며, 네 각의 합은 360도이다. 정사각형, 직사각형, 평행사변형, 마름모, 사다리꼴이 여기에 포함된다.

명칭	변	각	각의 합	종류
삼각형	3	3	180	정삼각형, 직각삼각형, 이등변삼각형, 예각삼각형, 둔각삼각형
사각형	4	4	360	정사각형, 직사각형, 평행사변형, 마름모, 사다리꼴

1시간 후, 삼각형과 사각형에 대해 질문했을 때 어느 팀이 더 잘 설명을 기억하고 있을까?

우리 아이, 이유가 뭘까?

당연히 B팀이다. 표로 보여주면서 설명하면, 시각과 청각을 모두 활용해서 정보를 받아들이기 때문에 더 잘 기억할 수 있는 것이다. 그래프도 마찬가지다. 특정 주제의 내용을 다양한 그래프를 활용하여 제시한다면 한눈에 그 추이와 변화를 알아볼 수 있어서 훨씬 더 잘 집중하게 된다. 다양한 교과목에서 중요한 설명들을 표나 그래프로 제시하는 이유가 바로 여기에 있다.

수업시간에 집중하지 못하는 아이에게 노력하지 않는다고, 의지가 없다고 비난하고 한탄하기 전에 아이가 익혀야 할 많은 정보와 자료들을 효과적인 방식으로 제시해주었는지부터 먼저 살펴보자. 또한 효과적으로 정보를 분류해서 표와 그래프로 그리고 기억하는 방법을 가르쳐준 적이 있는지도 생각해봐야 한다. 표와 그래프를 따라 그려보게 하는 것도 매우 효과적이다. 자신도 모르게 집중력과 기억력이 좋아지게 된다.

똑같은 상황에서 공부를 하거나 문제를 해결할 때, 분류하고 체계적으로 해결하는 능력이 뛰어난 사람일수록 당연히 결과도 더 좋다. 표와 그래프 활용 능력은, 바로 그런 능력의 근간이 된다. 주변에 주도적으로 공부를 잘하는 아이가 있다면, 그 아이의 노트 필기를 한번 들여다보자. 유난히 표와 그래프를 잘 활용한다는 사실을 알게 될 것이다.

백의의 천사 나이팅게일은 정성 어린 간호만으로 유명해진 게 아니다. 1854년 크림전쟁에 파견된 나이팅게일은, 영국군 야

전병원에서 부상 때문에 죽은 병사의 수보다 병원에서 전염병으로 죽은 병사의 수가 훨씬 더 많다는 사실을 알게 되었다. 하지만 정부의 지원을 받을 수 없어 고민하다가, 사망자의 원인을 한눈에 볼 수 있는 통계 그래프를 고안해냈다. 즉, 전염병으로 인한 사망자는 파란색으로, 부상에 의한 사망자는 분홍색으로 표시하여 사망자 수의 차이를 한눈에 볼 수 있게끔 그래프를 만들었고, 그 결과 병원의 시설과 환경개선을 위한 정부의 지원을 받을 수 있었다. 그리고 놀랍게도 그 후, 환자의 사망률은 42%에서 2%까지 떨어졌다.

◇ **나이팅게일이 고안해낸 그래프의 일부**

1854년 4월~1855년 3월

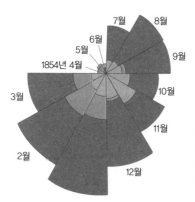

푸른 색으로 가장 진하게 표시된 부분이,
전염병에 의한 사망자 수이며,
그 외의 부분은 부상이나 기타 원인에 의한
사망자 수를 나타낸 것이다.

이렇게 표와 그래프는 자료를 더 분명하게 보여주고, 그것에 집중하도록 만들어준다. 그러니 이제부터는 우리 아이의 표와 그래프 활용 능력을 키워보자.

① 빈 종이로 표 만들기

초4 아이들에게 좋아하는 과목과 싫어하는 과목의 공통점과 차이점에 관하여 써보라고 하였더니, 대부분 아래와 같은 식으로 답변했다.

나는 수학이 싫다. 왜냐하면 그냥 짜증이 난다. 좋아하는 과목은 없다.

이렇게 답변하면, 여기서 더 구체적인 아이디어를 떠올리기는 어렵다. 그래서 일단, 빈 종이를 접어 간략한 표를 만들었다. 종이의 접힌 부분을 따라 선을 그어서 또렷하게 만들어도 되고, 심지어 선을 긋지 않아도 표로서의 기능을 하는 데는 문제없다. 단지, 아이들이 보고 배워서 나중에 활용할 수 있도록 보는 앞에서 종이를 접어 표를 만드는 게 중요하다.

그리고 위 칸에 과목을 써놓고, 왼편에 공통점과 차이점 칸을 써넣었더니 그때부터는 신기하게도 아이들이 훨씬 더 다양한 생각들을 쏟아내기 시작했다.

	국어	수학
공통점	한글 사용, 어려운 단어가 많다.	개념 설명할 때 한글 사용, 어려운 단어가 많다.
차이점	문맥 이해를 잘해야 한다. 어휘력이 필요하다. 문법에 관해 알아야 한다. 비유해서 설명하는 표현이 많다.	사칙연산을 해야 한다. 기호도 알고, 도형도 알아야 한다. 크기 비교를 한다. 끈기 있게 풀어봐야 한다.

이렇게 표를 만들면, 빈칸을 채우려는 마음이 작동해서 더 열심히 생각해보게 된다. 그리고 표로 만들어 놓으면 정보에 대해서도 한눈에 알아볼 수 있게 된다.

② 다양한 그래프를 그려보자.

수량을 비교할 때는 막대그래프를, 시간별 변화를 보고 싶을 때는 꺾은선 그래프를 사용해보면 좋다. 다음은 아이와 함께 표와 그래프로 표현해볼 수 있는 주제들이다.

내가 좋아하는 것과 싫어하는 것, 날짜별 나의 간식표, 용돈 지출 내

역표, 쉬는 시간에 하고 싶은 놀이와 하기 싫은 놀이, 집중이 잘되는 조건과 방해하는 조건 비교, 키와 몸무게의 변화, 수학 성적 변화.

아이가 관심을 보이는 주제부터 시도해보자. 다섯 번 정도만 연습해 봐도 아이의 표와 그래프 활용 능력이 쑥쑥 자라나게 될 것이다. 이렇게 표와 그래프를 통해 전체를 이해하는 능력을 키울 수 있고, 자료 비교를 통해 변화를 알아보는 눈도 갖출 수 있게 된다. 이 과정에서 집중력은 저절로 따라오는 선물 같은 존재가 된다.

수시로 작업 기억력을 키우자

🔅 **상황 예시**

😊 **엄마 A**   수학 문제 풀다 왜 딴짓이야? 좀 전에 단어 다 외웠잖아. 왜 기억을 못해!

😊 **엄마 B**   아이가 언어 지능은 높아서 상위 1% 안에 든다고 하는데, 작업 기억이 100 정도 밖에 안 돼요. 두 기능의 차이가 유의미하다고 하는 데 이게 무슨 뜻일까요? 수학 문제를 풀다가 조금만 어려우면 (할 수 있는데도) 포기해 버리고, 조금 전에 외웠던 것도 자꾸 잊어버리고 속도도 너무 느려요. 왜 이러는 걸까요?

A엄마가 B엄마의 이야기를 들었다면, 아마 무척 부러워했을 것 같다. 하지만 이 예시에서 주목해야 할 것은, 실상 두 아이의 증상이 매우 비슷하다는 점이다. 두 아이 모두 작업 기억력이 부족해서 어려움을 겪고 있기 때문이다.

작업 기억이란, 정보를 일시적으로 기억하면서 조작하고 작업하는 능력이다. 주어진 문제를 해결하기 위해 지금 필요한 정보를 단기적으로 기억하면서, 장기기억의 정보를 인출해내 문제를 해결하는 능력을 말한다. 쉽게 말해서 암산할 때나 친구가 말한 내용을 기억해서 뒷이야기를 이어갈 때, 공기놀이에서 자신과 상대방의 점수를 기억해야 할 때나 설명 들었던 내용을 기억하면서 문제를 풀 때 필요한 능력이다. 한마디로 작업 기억이 좋아야 집중을 잘할 수 있고 학습 능력도 좋아진다.

반대로 작업 기억력이 부족하면 무슨 일이 생길까? 암산이 어렵고, 친구의 말을 잘 기억하지 못하고, 열심히 외운 내용도 기억하지 못한다. 불굴의 의지와 노력으로 집중해서 공부를 하려 애를 쓰지만, 머릿속에서 작업 기억이 제대로 작동하지 않으면 금방 본 걸 또다시 확인해야 하니 공부 집중력을 유지하기가 어렵다. 대화에 집중하기도 어렵고 다시 친구에게 질문을 반복하니 핀잔을 듣기 일쑤다. 이런 현상들이 계속되면 집중력 문제뿐 아니라 정서적 어려움까지 경험하게 된다.

그렇다면, 이렇게 중요한 작업 기억이 부족하게 된 원인은 무엇일까? 바로 연습하고 훈련하지 못했기 때문이다. 이 말은 곧 연습하고 훈련하면 작업 기억력이 좋아질 수 있다는 의미이기도 하다. 그렇다. 작업 기억력은 훈련하면 나아질 수 있다.

다만 작업 기억이 원활히 작동하기 위해서는, 일단 장기기억에 기본 지식들이 저장되어 있어야 한다. 예를 들어, 구구단을 모두 암기하도록 하는 이유도 이와 관계 있다. 두 자릿수, 세 자릿수의 곱셈이나 나눗셈을 할 때, 만약 구구단을 외우지 못했다면 기본 계산에서 이미 집중력이 소진되어 주어진 연산 문제를 끝까지 풀어내기 힘들다. 기본 계산에서 막히기 때문에 응용문제 단계에서는 거의 포기하게 된다.

여기서 중요한 것은, 작업 기억이 좋아야 집중력을 발휘하기 쉽고, 그래야 다양한 배경지식도 잘 쌓인다는 사실이다. 앞으로 공부를 해 나감에 있어서 이것은 특히 중요하다. 그러니, 평소에 아이의 작업 기억 능력을 틈틈이 쌓아보자. 다음에 나오는, 집중력과 작업 기억력이 쑥쑥 자라나는 놀이와 활동을 아이와 함께 자주 해보면 좋다.

혹시 아이가 주의력에 문제가 있거나, 지능이 좀 낮은 것 같아 걱정될 때도 아래와 같은 훈련을 꾸준히 하면 크게 도움이 된다. 작업 기억력과 집중력을 동시에 향상시킬 수 있다.

① 수감각 놀이

중요한 사람의 전화번호를 놀이처럼 외워보자. 이러한 놀이를 통해서, 아이는 전화번호처럼 한 덩어리로 연결되어 있는 정보가 더 외우기 쉽다는 걸 감각적으로 배우게 된다. '3,6,9 게임'도 작업 기억을 활용한 놀이다. 시간계산 놀이, 암산 놀이, 네 자리나 다섯 자리 숫자를 순서대로 혹은 거꾸로 외우기 놀이도 자주 해보자. 틈나는 대로 즐겁게 해볼수록 작업 기억력이 향상된다.

② 사자성어나 속담 외우기 놀이

사자성어 외우기 놀이를 해보자. '기억해서 말하는 능력'에 큰 도움이 된다. 종이 카드를 만들어서 5~10가지 정도의 사자성어를 카드에 각각 적는다. 아이가 직접 책에서 찾아 쓰게 하면 더 좋다. 각 사자성어의 뜻을 알아본 다음, 놀이를 시작한다. 부모가 뜻을 불러주면, 아이는 그 뜻에 해당하는 사자성어 카드를 찾는 방식이다. 좀 더 수준을 높이고 싶다면, 사자성어를 이용해서 문장 만들기, 이야기 만들기로 확장해나가도 좋다.

③ 10가지 물건 기억하기 놀이

'10가지 물건 기억하기' 놀이를 해보자. 일단, 식탁 위에 포크, 냅킨, 볼펜, 소금, 라면수프, 치즈, 스푼, 사탕, 비타민, 병뚜껑 등의 10가지 물건을 올려놓고 기억하게 한다. 아이의 기억력에 따라 10초~20초를 센 후 천을 덮어 물건들을 모두 가린다. 이제, 아이가 식탁 위에 있던 10가지 물건들을 기억해서 말할 차례다.

이 놀이를 할 때는, 두 가지 방법으로 시도해보자. 처음엔 그냥 외우게 하고 몇 가지를 기억했는지 숫자로 적어둔다. 다음엔 놀이를 시작하기에 앞서 물건들을 더 쉽게 기억하는 법을 아이에게 알려주고 실행한다. 각 물건들의 이름 첫 글자만 따서 기억하는 법, 음식 종류(소금, 라면수프, 치즈, 사탕, 비타민)와 도구(포크, 숟가락, 냅킨, 병뚜껑, 볼펜)처럼, 특징에 따라 물건을 분류해서 기억하는 법 등을 알려주자. 무작성 외운 것과 기억 전략을 사용해서 외운 것에 큰 차이가 있다는 사실도 깨닫게 되고, 작업 기억 능력도 크게 향상된다.

④ 장소 관찰하고 기억하기 놀이

만약 공원에 놀러 갔다면, 빨간색 찾기 놀이를 해보자. 주변에서 빨간색이 들어간 사물을 찾아서 기억한 다음, 1분 후에 눈으로 보지 않고 얼마나 말할 수 있는가를 알아보는 놀이다. 혹은 공원 안내판을 읽은 다음, 1분이 지난 후에 기억나는 단어나 문장을 말하는 방식도 좋다. 방금 이용한 지하철역에서 본 것 5가지 말하기 등으로 다양하게 응용해서 할 수 있다.

⑤ 수치를 기억하기

'요리 레시피에 적힌 재료와 수량 기억하기', '마트에서 구입한 물건들의 가격 기억하기' 등은, '수치'에 대한 감각을 길러주기에 적합하다. 우리 집의 크기, 안방, 아이 방, 거실과 부엌의 크기 등을 아이와 함께 줄자로 재고 비교해보자. 그리고 1시간쯤 지난 후, 다시 아이와 함께 기억을 재생시켜 보자. 틀려도 괜찮다. 여러 번 하다 보면 다양한 넓이와 수치에 대한 관심이 생기고, 수감각과 작업 기억력이 높아질 것이다.

⑥ 지시어 놀이

언어 작업 기억이란, 언어정보를 임시로 저장하고 유지·재생하는 능력을 말한다. 읽고, 듣고, 말하고, 글 쓰는 작업에 중요한 영향을 미치는 능력으로써, 학습능력에도 큰 영향을 미친다.

"연필은 책상 위에, 지우개는 책상 서랍에 넣고, 오른손 들어요.", "노란 색종이를 책상 서랍 두 번째 칸에 넣으세요.", "엄마 방에서 아빠 안경을 찾아 안경집에 넣어서 거실 탁자 위에 올려줘."

지시어 놀이란, 이렇게 여러 정보가 조합된 문장으로 지시사항을 말하고, 아이가 그 말을 잘 기억하면서 그대로 수행하는 놀이다. 아이의 수행능력에 따라 지시의 난이도는 조절할 수 있다.

낮에 작업 기억놀이를 했다면, '아까 놀이할 때 들었던 지시어를 다시 기억해서 말해보자'고 저녁에 다시 한 번 기억을 재생시켜 보는 것도 좋다.

7장

집중력에서
주의력으로

부모의 말, 타고난 집중력도 달아나게 할 것인가

💡 **상황 예시**

👩 **엄마**　마음먹으면 잘할 수 있잖아. '집중해야지.' 하고 생각을 해봐.

🧒 **아이**　집중이 안 돼요. 그리고 나 원래 집중 잘 못해요.

👩 **엄마**　맨날 네가 딴 생각하니까 그렇잖아.

🧒 **아이**　나도 안 그러고 싶은데 잘 안 돼요. 잘 안 고쳐진다고요.

💡 **부모의 말이 집중력에 방해가 되는 이유**

위 대화에서 엄마의 간절한 마음은 아이의 마음에 전혀 가 닿지 못한다. 영향도 주지 못한다. 그저 메아리가 되어 돌아올 뿐이다. 그야말로 벽에다 대고 말하는 느낌이다. 아무리 격려를 하고 칭찬을 하고 집중을 잘하도록 마음먹게 하고 싶지만, 아이의 마음은 전혀 움직이지 않고, 오히려 자신이 집중을 못한다는 부정적인 신념만 더 강하게 붙잡는 결과를 가져왔다.

사실 이런 식의 대화는 별 소용이 없다. 그보다는 우리 아이에게도 타고난 집중력이 있다는 사실, 이제 그 집중력의 잠을 깨워 슬슬 활동하게 할 때가 되었다는 것을 알려주는 강력하고 효과적인 부모의 말이 필요하다. 그러기 위해서는 우선, 지금까지 부모가 한 말들이 왜 아이의 집중력에 도움이 되지 않았고, 심지어 집중력을 더 달아나게 한 것인지 그 이유를 알아봐야 한다.

첫째, 아이에게 노력을 강요했기 때문이다. 집중하기 위해 노력해야 한다는 말을 들은 아이는 집중하지 못하는 자신을 탓하게 되고, 결국 난 원래 그런 인간이라는 자조적인 말을 내뱉게 된다. 의지를 가지고 노력하라는 말로 집중력을 발전시킬 수는 없다. 오히려 시작하기도 전에 힘들어서 포기하고 싶은 마음이 들게 할 뿐이다.

둘째, 애초에 집중력이 없는 사람이라는 부정적인 자아감을 갖게 했기 때문이다. '집중력이 없으니 노력하라'는 말은, 집중력도 수학처럼 못하면 열심히 배워서 익혀야 한다는 말로 들린다. 나에게 없는 것, 어렵고 힘든 걸 새로 만들어야 한다고 하니, 자신이 원래 집중력이 없는 사람처럼 느껴지는 것이다. 그러니 저런 말 대신, 너는 이미 집중력을 가지고 태어났다는 것을 깨닫게 해주는 말이 필요하다.

셋째, 늘 집중에 실패했다는 것만 강조하기 때문이다. 아이에게 실패만 강조하다 보면, 한 번도 제대로 집중해본 적 없는 아이라고 스스로를 생각하게 된다. 더구나 '맨날', '항상' 이러한 부사어는 집중력이 없음을 단정 짓는 말이다. 넌 항상 집중을 못한다는 말은 원래 그런 사람이라는 뉘앙스를 강하게 내포하고 있다. 그 말을 듣는 아이는, 자신은 원래 그런 사람이고, 아무리 노력해도 달라지지 않을 거라는 절망감을 느낄 수도 있다.

부모의 말은 독이 아니라 약이 되는 말이어야 한다. 이제 아이의 집중력을 더 발전시키는 강력하고 효과적인 부모의 말을 배워보자.

💡 집중력을 키우는 강력한 2가지 대화법

① 이미 성공적으로 집중한 적이 있다는 사실을 알려주어야 한다.

이것이 아이와 집중력에 대해서 나누는 가장 첫 번째 대화여야 한다. 이것이야말로 진정으로 긍정적인 대화법이다. '잘될 거야. 너 잘하잖아'라는 막연한 말은 공허한 울림일 뿐이다. 구체적인 증거를 찾아 아이가 잘하는 것을 아이의 눈앞에 확실히 보여주어야 한다. '집중해야지.' 하고 마음먹는다고 해서 집중할 수 있는 것은 아니다. '열심히 해야지.' 하는 마음만으로 실천하지 못할 때는, 이미 너는 집중을 잘했던 적이 많다는 사실을 보여주고 확인시켜주어야 한다.

숙제에 집중을 못하고, 그림을 그려도 완성하지 못하고 흐지부지하는 것처럼 보이지만, 아이는 그 사이사이 실제로 집중을 했다. 아이가 한 시간 동안 숙제를 했다면 그 모습을 잘 살펴보자. 만약 처음 20분 동안 집중을 했고, 그 다음부터는 10분이나 5분에 한 번씩 일어났다고 해도, 집중을 아예 못한 것은 아니다. 이럴 때는, '집중을 했다'는 그 사실에 초점을 맞춰서 대화해야 한다.

"너 처음 20분 동안 집중을 되게 잘하더라. 집중하고 나서 조금 쉬고 나면 또 집중이 잘되는 거야? 넌 너에게 맞는 방법을 잘 찾아가는 것 같아."

군이 아이가 5분에 한 번씩 일어난 것은 말하지 않도록 한다.

아이도 이미 자신의 집중력이 흐트러진 것을 잘 알고 있다. 이렇게 대화해야 아이도 자신이 집중을 잘한 적이 있다는 사실을 확인할 수 있다.

② 집중력에 대한 부정적 자아상을 바꾸는 대화가 필요하다.

아이가 집중력을 발휘하는 대상은 무엇인가? 그때 어느 정도의 집중력을 발휘하고 있는가? 자신에게 집중력이 있다는 걸 확인할 수 있는 강력한 증거를 아이에게 보여주자. 아이가 관심 있는 것, 재미있어 하는 것, 잘하는 것에 집중할 때 살펴보자. 우리 아이는 무엇에 집중하고 있는가? 바로 그때, 아이가 집중을 잘하고 있음을 말로 표현해줘야 한다.

"집중을 참 잘하네. 정말 멋지다. 지금 네 모습을 너는 볼 수가 없지? 얼마나 멋진데. 엄마가 찍어서 보여줄게."

이렇게 말하고 아이가 집중하는 모습을 사진으로 찍고, 영상으로 찍어 보자. 이게 바로 객관적인 자료가 된다. 자신이 이렇게 집중을 잘한다는 사실을 자료로 확인해야 자신이 집중을 못한다는 부정적인 생각에서 벗어날 수 있다. 단, 미디어에 집중하는 건 제외다. 미디어는 아이가 자발적으로 주의를 기울이는 대상이 아니기 때문이다.

지금까지 이야기한 내용을 일주일에 한두 번, 10~30분 정도만 실천해도 충분히 우리 아이의 타고난 집중력은 잘 발휘될 것이다.

이제 중요한 과제가 남았다. 어떻게 하면 우리 아이가 관심도 없고, 재미도 없고, 어려운 것에도 주의를 기울여 집중하게 할 수 있을까?

관심 없는 것에
주의력 키우기

🔆 **상황 예시**

😊 **엄마**　국어 중요하다는데 너 국어 학원 다닐래?

😄 **윤석**　싫어요. 무슨 국어 학원까지 다녀요. 영어, 수학도 힘들어 죽
　　　　　 겠는데.

😊 **엄마**　너 수학 문제도 자꾸 잘못 읽어서 틀리잖아. 그게 국어 실력
　　　　　 이 부족해서 그런 거라고!

😄 **윤석**　아! 몰라요.

😊 **엄마**　아니, 그렇게 글 읽는 거 싫어해서 어쩌려고 그래!

관심 없는 것에 집중력을 기울이는 것이 바로 주의력이다. 집중력은 누구나 갖고 태어났지만, 관심 없는 것에 주의를 기울여 집중하는 힘은 연습과 훈련을 통해 길러진다. 그래서 장기적으로는 집중력을 주의력으로 발전시켜가야 하는 것이다. 다만, 이 또한 강제로는 불가능하다. 좀 더 섬세하고 전문적인 방식으로 접근할 필요가 있다. 관심 없는 것에 집중력을 키우는 방법은 크게 두 가지가 있다.

첫째, 아이가 관심 있어 하는 것이 무엇인지 점검한 후에 그것을 관심 없어 하는 것과 연결시킨다. 국어와 책 읽기에 관심 없는 아이라면 좋아하는 주제에 관한 책을 골라서 읽어주거나 함께 대화를 나눠보는 식으로 접근해보자. 축구만 좋아하는 아이라도 아이가 좋아하는 손흥민 선수에 관한 책을 권해주면 스스로 열심히 읽는 모습을 볼 수 있을 것이다. 과학에 관심 없는 아이라도, 아이가 좋아하는 놀이기구를 과학적으로 설명하는 책을 주면 즐겁게 읽을 수 있다.

둘째, 새롭고 놀라운 정보를 제공하여 없던 관심을 만드는 방법이다. 없던 관심을 만들어야 하니, 부모가 제공해주는 정보가 놀랍고, 신기하고, 친구들에게 자랑할 만한 것일수록 좋다. 활동적이고 새로운 것을 좋아하는 아이라면 이 방법도 잘 통한다.

이제 앞의 상황 예시에 나온 윤석이의 문제를 해결해보자. 국어에 흥미가 없는 아이를, 어떻게 국어 공부에 관심 갖게 할 수 있을까? 갑자기 특정한 과목에 관심을 갖게 하는 건 쉬운 일도 아니고, 시간도 많이 걸리는 일이다. 그러니 좀 더 시야를 확장해서, '책 읽기'와 '문해력'에 초점을 맞춰보자. 책 읽기를 즐기게 하고 문해력을 높이는 쪽으로 목표를 설정하면, 활용할 수 있는 방법이 훨씬 풍부해진다. 독서와 문해력은, 글을 읽고 이해하여 자기 방식으로 표현할 수 있는 능력까지를 포괄하는 개념이다. 그러니 아이가 관심 있어 하는 주제를 사용해서 얼마든지 접근할 수 있다.

교과목에 관심이 없고, 체험이나 다양한 활동에도 흥미를 보이지 않고, 그저 집에서만 지내려고 하는 아이도 있다. 아이가 관심을 보이지 않는다고 어쩔 수 없다며 체념하지 말자. 일단은, 어떻게든 아이가 관심을 갖게 하는 것이 우선이다.

사실, 윤석이는 국어뿐 아니라 글로 된 건 모두 싫어한다고 했다. 그래서 다음과 같이 책에 대한 대화를 시작했다.

"좋아하는 책 있어?"

"난 책 싫어요. 다 안 좋아해요. 안 읽을 거예요."

"넌 책 싫어하니?"

"네, 책은 다 싫어요."

"그렇구나. 알겠어. 그럼 이제 한 가지 퀴즈를 낼게. 건물을 곡선으로 지을 수 있을까?"

"네. 둥근 건물도 많잖아요. 선생님은 그런 것도 몰라요?"

"아, 그렇구나. 그럼 건물을 물결모양처럼 지을 수 있을까?"

"그건 좀, 안될 것 같아요."

"왜?"

"그냥요."

"그런데 있잖아, 선생님이 신기한 걸 하나 봤어."

이렇게 말하면서 《위대한 건축가 안토니오 가우디의 하루》를 꺼내어 물결 모양의 건축물을 보여주자, 갑자기 아이가 눈을 빛

내며 책을 끌어다 보기 시작한다. 아이의 관심을 끌 만한 질문으로 시작해서 흥미로운 지식을 보여주었을 뿐인데, 아이는 읽기에 집중하기 시작한다. 그러니 "책 읽자"는 말 대신, 이렇게 훅 다가가서 아이의 관심을 끌어내는 말로 시작하는 게 중요하다.

만약 이렇게 한 번에 관심을 끌 만한 소재가 없다면, 차라리 아이의 관심사로부터 시작해보는 게 좋다. 헤어 디자인과 네일 아트에 관심 있는 아이라면 미용실, 헤어 디자이너, 네일 아트에 관한 책을 찾아보자. 그림책도 좋고 어른들이 보는 전문적인 책도 좋다. 모르는 말이 나와도 질문해가며 읽을 테니 말이다. 만약, 이렇게 아이의 관심을 끄는 데 성공했다면, 이제는 다음과 같은 말을 꼭 해주어야 한다.

"넌, 책에 집중을 참 잘하는구나."

이렇게 아이에게 집중을 잘하는 사람이라는 긍정적 자아상을 심어주어야 한다.

만약, 아이가 관심이 없던 것에 집중하기 시작했다면, 그 다음에는 이 관심을 계속 유지시키도록 도와주는 게 필요하다. 관심 주제에 관련된 책과 자료를 함께 찾아보고, 도서관에 가고, 서점

나들이를 하자. 어느새 아이는 책 읽기를 즐기게 될 것이다. '관심사 찾아서 읽기'는 문해력 발달에도 좋은 영향을 미치고, 그것은 곧 국어 능력으로도 연결된다. 그런 시간이 쌓이면, 아이는 결국 국어 과목에 더 잘 집중할 수 있게 될 것이다.

만약, 국어 교과에 대한 관심을 더 키우고 싶다면 교과 연계 독서를 하는 것도 효과적이다. 교과와 연계된 책을 미리 읽어보게 하고, 아이가 흥미를 느끼는 부분도 함께 살펴보자. 단, 교과 연계 독서를 할 때는, 공부하듯 읽게 하기 보다는 찾기 놀이를 하듯 읽어보는 게 중요하다. 그래야 더 관심을 갖게 된다.

아이들은, 수업시간에 내가 아는 게 하나만 나와도 눈이 번쩍 뜨인다. 그렇게 아이의 집중력을 관심 없는 것에 대한 주의력으로 발전시켜 나갈 수 있게 된다.

재미없는 것에
주의력 키우기

👦 **아이** 영어 하기 싫어.

👩 **엄마** 영어를 안 하면 어떡해? 영어가 얼마나 중요한데.

👦 **아이** 몰라, 싫어. 영어가 재미없다고, 하기 싫다고!

🔆 **재미없는 것에 집중력을 발휘할 수 있을까?**

 아이가 즐겁게 집중하는 모습을 보는 것은 부모의 큰 기쁨 중 하나다. 그렇게 예쁠 수가 없다. 반면에, 아이가 과제를 재미없다고 거부하면 어떻게 해야 할까? 영어가 재미없다는 아이에게 어떻게 재미를 붙여줄 수 있을까? 이를 위해 우리가 먼저 생각해봐야 할 문제가 있다.

과연 '재미란 무엇이기에 이렇게 집중력에 큰 차이를 가져오는 것일까'에 관한 부분이다. 영국 서식스내학교의 벤 핀첨(Ben Fincham) 사회학과 교수는, 사람이 일에서 행복감을 느끼는 가장 근원적인 이유가 재미이고, 재미가 우리 삶의 행복에서 가장 핵심 역할을 한다고 강조한다. 그래서 재미가 없으면 아무런 가치가 없고, 재미없는 일을 억지로 시키는 건 죄악이라 강조한다. 아이들이 놀이를 좋아하는 이유도 여기에 있다. 재미있는 놀이는, 아이를 행복하게 만들기 때문이다.

그렇다면 공부를 재미있게 할 수 있을까? 재미만 있으면 집중력은 저절로 따라올 테니 말이다. 우리는 공부는 재미없어도 참아야 한다는 암묵적 신념을 가지고 있다. 그런데 20년 동안 계속 참기만 하며 공부할 수 있을까? 과연 가능할까? 그렇지 않다. 초등학생 아이에게 재미없어도 참고 해야 한다고 강요하면, 오히려 집중하지 못하고 포기하게 된다. 어떤 것에서도 재미를 찾지 못하게 된다. 그러니 재미없는 것에서도 재미를 찾도록 도와주는 게 중요하다.

이제 생각해보자. 앞의 사례에서, 영어가 재미없다고 외치는 아이가 진짜 하고 싶었던 말은 무엇일까? '영어가 재미있게 느껴졌으면 좋겠다. 그래서 나도 잘하고 싶다'는 말을 하고 있는 것이다. 그러니 억지로 시킬 게 아니라 재미있게 할 수 있는 방법을 연구해야 한다. '한국어 싫어'라고 외치는 아이는 없다는 것을 떠올려보자. 그 이유는 무엇일까? 자연스럽게 터득했고, 말을 알아가면서 즐겁고 신났기 때문이다. 바로 이 지점에서 아이의 재미가 자라난다.

영어가 재미없는 이유는, 지금껏 영어를 언어로 습득하는 대신 암기과목으로만 접근했기 때문이다. 이런 방식은 집중력을 키워가는 아이에게는 바람직하지 않다. 그러니 '영어가 싫다'고 외치는 아이에게는, 영어를 재미있게 익힐 수 있도록 기회를 제공해줘야 한다.

물론, 재미의 대상이란 것은 타고나기도 한다. 수학 머리가 있는 아이는 수학이 재미있고, 언어 감각이 뛰어난 아이는 영어가 재미있다. 하지만 후천적으로 아이의 경험에 따라 얼마든지 달라질 수 있는 것도, 바로 재미의 대상이다. 게다가 재미의 대상은 원래, 쉽게 바뀐다. 일 년 전에 재미있어 하던 걸 올해는 시시하다고 말하는 아이의 모습을 떠올려보라.

이제, 재미없는 것을 재미있게 만들어주는 구체적인 방법 몇 가지를, 영어를 예로 들어 알아보자.

💡 재미없는 것을 재미있게 만드는 방법

① 이유 만들기

이유가 생기면 목표도 생긴다. 그것이 재미를 불러오기도 한다.

만약, 코로나19 때문에 외국인 아빠와 오랫동안 떨어져 있었던 아이가 2년 만에 아빠를 만났는데 소통이 되지 않아 서먹하다면 어떨까? 아이는 한국말이 서툰 아빠와 놀고 싶어서, 아빠와 소통하기 위해서 자기가 하고 싶은 말을 영어로 어떻게 말하는지 물어볼 것이다. 그렇게 배운 말들을 외워서 실제로 사용할 것이다. 그리고 그것으로 한 번이라도 아빠와 말이 잘 통했다면, 이제 그 문장을 잊어버리지 않고 자주 사용하게 될 것이다.

아이가 이토록 자발적으로 영어를 배운 까닭은, 영어로 아빠와 소통하고 싶다는 간절한 목표가 생겼기 때문이다. 아빠와 함께 신나게 놀려면 말을 걸어야 하고, 아빠의 말을 제대로 알아들어야 하니 말이다. 즉, 원하는 목표가 있다면 재미도 따라온다.

② 좋아하는 애니메이션 활용하기

영어를 책과 학습지로만 공부해야 한다면 생각만 해도 갑갑하다. 언어는 학습이 아닌, 생활로 접해야 재미있다. 그러니 아이가 좋아하는 애니메이션의 한 장면을 따서 역할극을 해보거나 노래 외우기를 해보자. 좋아하는 애니메이션이기 때문에 아이도 열심히 참여할 것이다. 영어로 생일축하 노래 부르기를 싫어하는 아이는 없다. 친구들과 함께 부르는 게 재미있기 때문이다. 이렇게 작은 재미를 조금씩 쌓아가다 보면, 어느새 아이는 약간 재미없는 것에도 집중하는 법을 익히게 된다.

③ 보드게임이나 놀이를 영어로 진행해보자.

엄마 아빠가 영어를 잘 못해도 괜찮다. 어렵게 생각할 필요는 없다. 유튜브에 '영어로 보드게임'이라고 검색해보자. 곧바로 수많은 영상들이 나올 것이다. 그 영상을 보면서, 실제 보드게임을 할 때 사용할 만한 간단한 영어 문장 몇 마디를 익혀보자. 엄마도 찾고, 아이도 찾아서 자신이 사용할 수 있는 한두 문장을 익히고, 직접 사용하기로 약속하면 된다.

"보드게임 하자.", "그거 어떻게 하는 거야?", "이제 네 차례야.", "규칙 잘 지켜", "반칙하지 마."

이렇게 짧고 간단한 문장을 영어로 찾아서 한 번씩 써보고 실제 놀이에 사용하면, 놀이의 즐거움 때문에라도 영어를 재미있게 익힐 수 있다. 가랑비에 옷 젖듯 서서히 영어 문장에 익숙해지고 재미를 느끼게 될 것이다.

④ 지적인 호기심을 자극하자.

아이가 좋아하는 번역 그림책이나 동화책이 있을 것이다. 그 작가의 SNS나 메일주소를 찾아서 아이가 전하고 싶은 말, 질문하고 싶은 내용을 보내도록 해보자.

"작가님은 어떻게 작가가 되었어요? 언제부터 작가의 꿈을 키웠어요?"

질문하고 싶은 내용을 작성한 후, 아이가 직접 영어 문장을 완성하도록 도와주자. 번역기나 챗GPT를 사용해도 좋다. 내가 좋아하는 작가와 소통하는 경험은 영어에 대한 동기를 엄청나게 키워준다. 경험 자체가 아이의 지적 호기심을 자극하고, 이 모든 과정이 흥미로웠다면 결국 영어에 대한 주의력으로 발전해갈 것이다. 물론, 영어 문장도 자연스럽게 익히게 된다.

아이가 어떤 것에 재미를 느끼게 하기 위해서는, 무엇보다 재미있는 방법을 사용하는 게 중요하다. 수에 대한 개념을 익히게 하고 싶다면, 바둑돌로 홀짝 놀이를 해보고, 주사위 여러 개로 사칙연산 놀이를 해보자. 관심 없고 어려운 과제에 대해서는 이러한 방식으로 재미를 찾는 것이 가장 중요하다.

아이가 재미있어 하는 방식으로 접근하자. 그러한 노력이 반복되다 보면, 아이는 어느새 재미없는 과목도 재미있게 해내는 아주 특별한 능력을 갖게 될 것이다.

어려운 것에
주의력 키우기

💡 상황 예시

😊 **아이**　어려워 죽겠어. 도대체 수학을 왜 해야 해요?

😊 **엄마**　수학을 잘해야 다른 것도 잘해. 사고력도 좋아지고.

😊 **아이**　아니, 실제로 사용하지도 않는데 왜 이렇게 어려운 걸 배워
　　　　　야 하냐고요.

😊 **엄마**　그런 거 묻지 말고 그냥 숙제나 해!

😊 **아이**　아, 필요도 없는 거 자꾸 하라고만 하니 짜증나!

💡 어려운 것에 대한 학습 동기가 필요하다

아이가 무언가가 어렵다고 짜증내고 괴로워할 때, 부모는 이 어려움을 해소하는 방법을 가르쳐줘야 한다. 그래야 아이가 어려운 것에도 집중하는 주의력을 키울 수 있다. 아이들이 가장 어려워하는 수학을 예로 들어보자.

수학실력이 부족해서 수학을 어려워하는 경우라면, 반복 연습을 통해 좀 더 능숙해질 수 있다. 하지만 '지금 왜 이것을 배워야 하는가?'에 대한 이해가 없다면, 항상 억지로 배운다는 마음이 남아 있을 것이다. 일상에서 수학의 필요성을 체감하지 못한다면, "써먹을 일도 없는데 왜 배워야 해?"라는 의문 때문에 항상 수학이 더 어렵고 힘들게 느껴질 것이다. 이러한 부분은 다른 과목이나 지식에 대해서도 마찬가지다.

"과학자가 될 것도 아닌데 왜 과학을 배워야 해요?"
"왜 우리가 지나간 역사를 알아야 해요?"

이러한 질문을 끊임없이 던지는 이유는 바로 학습 동기가 없기 때문이다. 즉, 왜 배워야 하는지 모르기 때문이다. 그래서 아이가 특정 과목이나 지식을 어려워한다면 그게 왜 필요하고, 지금 우리가 이것을 왜 배워야 하는지 알려주는 것부터 시작해야 한다. 물론, 설명하기가 쉽지는 않다. 최대한 아이의 수준에 맞춰서 이해할 수 있을 정도로 설명해주는 게 좋다.

"지금 바로 여기에서 수학이 모두 사라진다면, 뾰로롱, 우리는 모두 원시시대로 돌아가게 될 거야."

"말도 안 돼요. 거짓말하지 말아요."

"진짜야. 수학이 사라진다면, 당장 이 건물이 사라질 거야. 수학적 계산이 사라진다면, 이 건물은 애초에 지을 수 없을 테니까."

자동차, 비행기, 도로, 돈, 모두 수학적 계산의 토대로 만들어진다는 것을 아이들은 생각하지 못한다. 하지만 아이가 누리고 있는 모든 것에 수학이 숨어 있다는 것을 막연하게나마 알게 된다면, 당장은 학습 동기가 생기지 않아도 아마 수학에 대한 거부감이 조금씩 사라지게 될 것이다.

또한, 어려움에 맞닥뜨렸을 때 우리 아이가 어떤 심리적 태도를 취하는가도 살펴봐야 한다. 어려운 것에도 도전하는가 아니면 포기하고 싶어 하는가? 이러한 심리적인 태도는 어릴 때부터 서서히 형성되어온 것이다. 어려워도 하나씩 깨달으며 배우는 즐거움을 경험한 아이는 도전하는 데 거부감이 덜 하다. 하지만 억지로 참고 하느라 에너지를 다 소진한 아이는 어려운 것은 안 하고 싶어 한다. 그래서 난이도를 조절하는 게 중요하다. 조금 쉽게 느껴져야 동기가 생기기 때문이다. 어려운 것과 쉬운 것의 비율을 잘 조절해야 한다. 공부에 대한 상처가 심한 아이라면 쉬운 쪽의 비율을 훨씬 더 높여야 한다.

우리 아이가 어느 정도의 난이도에서 학습 동기가 생기는지 살펴보고, 아이에게 맞는 수준을 찾아보자. 그것으로 성공경험을 쌓아서 조금씩 확장해나가야 한다. 그래야 점차 어려운 것에 대해서도 주의력을 발휘할 수 있게 된다.

💡 어려운 것에 대한 주의력을 키우는 대화

즐기면서 자주 했던 것이라도 어려워지기 시작하면 포기하는 경우가 무척 많다. 피아노나 바이올린을 좋아서 시작했지만, 어려워지면 포기한다. 수학이 쉬울 때는 좋아하다가 어려워지면 싫어한다. 그러니 관심과 재미로 시작한 공부와 활동은 가능하면 꾸준히 잘할 수 있도록 아이를 도와주는 게 필요하다. 친구와의 비교와 경쟁이 난무하는 상황에서 아이들은 자신이 잘하지 못한다고 생각될 때 더 이상 집중하지 못하고 포기하게 된다. 그러니, 아이가 어려워하고 힘들어할 때 다음과 같은 대화법을 사용해보자.

① 무엇에 공감할 것인가?

"어려워 죽겠어요. 아, 짜증나."

이럴 때, 아이에게 공감하려면 어떻게 해야 할까?

"많이 어렵지. 잘 안 돼서 속상하구나. 그래도 계속하다 보면 잘하게 돼. 포기하지 말고 열심히 하자."

그런데 이렇게 공감의 말을 했어도, 아이의 속상하고 답답한 마음은 이상하게 사라지지 않는다. 아이가 느끼는 감정만 공감해주는 건 생각보다 별 효과가 없다. 오히려 부작용까지 나타난다. 하기 싫은 마음만 계속 공감해주니, 어렵다는 느낌, 하기 싫다는 느낌만 더 커져서 진짜로 그만하고 싶어지기도 한다. 게다가 지금 당장 잘하지 못해서 화가 나는데 그냥 계속하라는 말은 또 얼마나 답답하게 느껴지는가. 따라서 아이가 잘할 수 있도록 좀 더 구체적으로 도와주는 대화가 필요하다.

② 아이는 잘하고 싶다. 그 마음에 공감하자.

어려워 죽겠다는 말 속에 숨은 진짜 마음을 알아야 한다. 문제가 이렇게 어렵지 않았다면, 그래서 자신이 좀 더 쉽게 척척 풀어낼 수 있었으면 좋겠다는 그 마음 말이다. 자신이 좀 더 잘하기를 원하는 바로 그 마음에 초점을 맞추어야 한다.

"잘하고 싶었구나. 쉽게 척척 풀고 싶었는데 복병이 나타났네. 어디서 막혔니? 천천히 설명해 볼래? 그래, 새로운 유형의 문제구나. 전에는 이런 문제를 어떻게 풀었어? 처음부터 같이 문제를 읽어보자. 네가 막힌 이유를 찾아낼 수 있을 거야."

많은 경우, 아이는 문제의 어려움을 설명하는 과정에서 자신이 놓친 것을 깨닫게 된다. 이런 경험이 집중력을 키워주는 데 큰 도움이 된다. 만약 이렇게 해도, 짜증만 낸다면 문제를 푸는 데 실질적인 도움을 주는 대화가 필요하다.

③ 도움 주기를 허락받기

단, 모른다고 짜증내는 아이에게 바로 해결법을 가르쳐주지는 말아야 한다. 일단, 도움 주기를 요청하고 아이가 허락할 때 도와주어야 한다. 그래야 아이도 자신의 마음을 조절하는 법을 배울 수 있다.

"엄마가 도와줄까? 괜찮아? 새 공식을 적용만 하면 되겠네. 엄마도 모르는 게 나오면 선생님께 질문해보자."

아이가 앞으로 맞닥뜨려야 할 수많은 상황과 과제들을 생각해보자. 오죽하면 '인생은 문제 해결의 연속'이라는 말이 있겠는가. 따라서 어려움을 마주했을 때 아이의 의욕을 높여주는 말을 건네서, 아이 스스로 문제에 집중하고 해결할 수 있도록 힘을 키워주어야 한다. 그러기 위해서는 평소에 위와 같은 대화를 많이 나누어야 한다. 결국, 이것이 아이의 집중력을 강화시키는 강력한 부모의 대화가 될 것이다.

당신이 하고 있는 일에
온 정신을 집중하라.

햇빛은 한 초점에
모아지는 때만
불꽃을 내는 법이다.

_ 알렉산더 그레이엄 벨

아이의 도둑맞은 집중력을 되찾아주는 35가지 솔루션

초등 집중력 습관

초판 1쇄 발행 2024년 8월 5일

지은이 이임숙
펴낸이 민혜영
펴낸곳 카시오페아
주소 서울 마포구 월드컵로 14길 56, 3, 4, 5층
전화 02-303-5580 | **팩스** 02-2179- 8768
홈페이지 www.cassiopeiabook.com | **전자우편** editor@cassiopeiabook.com
출판등록 2012년 12월 27일 제385-2012-000069호
외부편집 정지영 | **디자인** 별을 잡는 그물 양미정

ISBN 979-11-6827-202-6 03590

이 도서의 국립중앙도서관 출판시도서목록(CIP)은 서지정보유통지원시스템 홈페이지(http://seoji.nl.go.kr)와
국가자료공동목록시스템(http: //www.nl.go.kr/kolisnet)에서 이용하실 수 있습니다.

이 책은 저작권법에 따라 보호받는 저작물이므로 무단전재와 무단 복제를 금지하며,
이 책의 전부 또는 일부를 이용하려면 반드시 저작권자와 카시오페아의 서면 동의를 받아야 합니다.

* 잘못된 책은 구입한 곳에서 바꾸어 드립니다.
* 책값은 뒤표지에 있습니다.